教育部人文社会科学重点研究基地
中央民族大学中国少数民族研究中心
本书的课题研究获得国家社会科学基金重点项目资助

环境公正与绿色发展

——民族地区环境、开发与社会发展问题研究

包智明　石腾飞等　著

中央民族大学出版社
China Minzu University Press

图书在版编目（CIP）数据

环境公正与绿色发展：民族地区环境、开发与社会发展问题研究／包智明等著. —北京：中央民族大学出版社，2020.7

ISBN 978-7-5660-1788-8

Ⅰ.①环… Ⅱ.①包… Ⅲ.①民族地区—环境综合整治—研究—中国 ②民族地区—社会发展—研究—中国 Ⅳ.①X321.2 ②F127.8

中国版本图书馆 CIP 数据核字（2020）第 063747 号

环境公正与绿色发展
　　——民族地区环境、开发与社会发展问题研究

作　　者	包智明　石腾飞等　著
策划编辑	李苏幸
责任编辑	杜星宇
封面设计	舒刚卫
出 版 者	中央民族大学出版社
	北京市海淀区中关村南大街 27 号　　邮编：100081
	电　话：(010)68472815(发行部)　传真：(010)68932751(发行部)
	(010)68932218(总编室)　　　　(010)68932447(办公室)
发 行 者	全国各地新华书店
印 刷 厂	北京鑫宇图源印刷科技有限公司
开　　本	787×1092（毫米）　1/16　印张：14.75
字　　数	260 千字
版　　次	2020 年 7 月第 1 版　2020 年 7 月第 1 次印刷
书　　号	ISBN 978-7-5660-1788-8
定　　价	68.00 元

目　录

结论、反思与对策

绪　论

第一章　课题研究的内容、思路和方法

第一节　问题的提出

改革开放以来，中国在经济建设取得重大成就的同时，不断贯彻新的发展理念和观念，改变发展方式，提升发展质量，以期推动形成人与自然和谐发展的现代化建设新格局。民族地区的工业化是我国现代化进程的重要组成部分。作为发展较为落后的地区，与中东部地区相比，民族地区通过工业化来实现现代化建设的压力与动力也更为迫切。随着 20 世纪 80 年代市场化改革的推进与中国中东部地区乡镇工业"雨后春笋"般地崛起，民族地区也加快了地方工业化和现代化建设的步伐。特别是自西部大开发政策实施以来，为快速拉动经济增长，缩小民族地区与其他区域的发展差距，实现民族地区及少数民族的"跨越式发展"，基于自身资源禀赋条件以及全国地域分工格局，民族地区纷纷加大资源开发力度，加快以资源型产业为主导的工业化进程。在这一过程中，民族地区发展不均衡、不充分的问题得到有效改观。

需要注意的是，民族地区既是我国经济社会发展较为落后的地区，也是我国的矿产资源富集区，同时还是生态环境脆弱区。[①] 在民族地区实现"跨越式发展"的过程中，环境问题和社会问题也十分突出，甚至成为影响民族地区社会稳定与可持续发展的重要因素。在内蒙古、新疆等地的长期社会调查过程中，课题组发现，西部大开发战略在民族地区的实践过程中存在目标变异的现象，在一些地区，西部大开发演化为企业和当地政府主导的资源大开发。由于过度依赖资源开发来实现地方工业化发展，资源

---

① 包智明：《社会学视野中的生态文明建设》，载《内蒙古社会科学》（汉文版）2014 年第 1 期。

的过度与无序开采已经使得民族地区的资源环境问题变得越来越严峻, 掠夺式开采引发了广泛的社会和环境危害。

针对上述民族地区在资源开发和社会经济发展过程中出现的现象和问题, 本课题研究将探讨以下几个方面的问题: 以地方政府和外来企业为主导的资源依赖型发展模式在民族地区产生了哪些社会与环境问题? 造成这些问题的原因是什么? 如何在环境社会学的理论框架中对这些问题作出合理解释? 面对资源依赖型发展模式带来的诸多问题, 如何构建以政府为主导、企业为主体、基层社区与农牧民共同参与的环境治理体系, 以均衡民族地区资源开发、环境保护与社会发展之间的关系, 推进民族地区的绿色发展?

有鉴于此, 本课题在内蒙古和新疆两地选择若干典型案例, 对我国民族地区的工矿水力资源、土地资源、水资源等开发的现状、形式及问题进行实地调查, 尝试通过对西部大开发以来民族地区资源开发过程中社会与环境问题的考察, 分析民族地区资源开发、生态环境保护与社会发展之间的关联。通过资源开发现状及问题的分析, 以期进一步探讨民族地区环境公正问题的生产机制, 并通过对民族地区环境治理与发展实践的分析, 探索推进民族地区绿色发展的可能路径。

第二节　国内外相关文献梳理

一、国外关于环境、开发与社会发展问题的研究

面对 20 世纪 70 年代前后日渐凸显的环境问题, 美国社会学界开始反思传统社会学范式对于环境维度的忽视, 环境社会学应运而生。[1] 作为社会学的理论和方法在环境问题上的应用, 美国的环境社会学致力于诠释环境问题产生的原因、机制及其社会影响, 并发展出了生产跑步机、环境公正等理论范式, 并将其运用到资源开发、环境保护与社会发展等问题的分析上。

基于一种环境问题的政治经济学解释, 生产跑步机理论分析了资本主义的逐利属性与生态环境破坏之间的关系, 阐释了资源、环境退化的社会

---

[1] W. R. J. Catton and R. E. Dunlap, "Environmental Sociology: a New Paradigm," *The American Sociologist*, vol. 13, no. 1, 1978, pp. 41–49.

机制，并进一步就环境政策的局限性以及如何通过有效的环境决策实现环境治理与增进人类福祉进行了分析。① 在施耐伯格等人看来，大量生产和大量消费造成工矿资源、化工原料和能源等的超负荷利用和开发，造成整个社会深层次的生态环境问题。而资本主义的逐利性使得大量生产和大量消费的步伐就像在跑步机上一样无法停止，环境问题被持续不断地制造出来，并带来了社会问题的不断增长。②

　　环境公正理论对资源、环境问题产生的社会机制进行了系统阐释，认为社会经济地位、种族、阶层等社会性因素，使得低收入群体和少数族裔遭受了更严重的环境问题。③ 表面看来，环境公正理论分析的重点是人与自然的关系，但其内在实质为环境风险在社会中的不平等分配及其带来的社会影响。换言之，对环境公正问题的分析，离不开对环境事件中各种社会关系问题的阐释。从这一层面而言，如何促使环境公正的实现，成为近年来相关研究的重点。一方面，聚焦于环境问题产生的社会过程及其社会影响，有学者提倡通过政策干预的途径，使低收入人群与少数民族能够获得更多的政策扶持和社会服务，以促进环境不公正问题的解决。④ 另一方面，佩罗等人则基于利益相关者的视角，主张关注弱势群体在环境受害结构中的不利地位，分析不同社会主体在环境问题形成过程中的利益机制与权力关系网络，通过完善环境决策过程中的公民参与机制，来寻求环境公正的可能实现路径。⑤

5

　　① Kenneth Gould, David Pellow and Allan Schnaiberg, *The Treadmill of Production*：*Injustice and Unsustainability in the Global Economy*, Boulder：Paradigm Publishers, 2008.

　　② Alan Schnaiberg, *The Environment*, *from Surplus to Scarcity*, New York and Oxford, UK：Oxford University Press, 1980；A. Schnaiberg and K. Gould, *Environment and Society*：*The Enduring Conflict*, New York：St. Martin, 2000.

　　③ Robert Bullard, *Dumping in Dixie*：*Race*, *Class*, *and Environmental Quality*, Boulder, Colorado：Westview, 1990；United Church of Christ, *Toxic Wastes and Race in the United States*：*a national report on the racial and socioeconomic characteristics of communities surrounding hazardous waste sites*. New York：UCC. 1987.

　　④ William Bowen and Michael Wells, "The Politics and Reality of Environmental Justice：A History and Considerations for Public Administrators and Policy Makers," *Public Administration Review*, vol. 62, no. 6, 2002, pp. 688-698.

　　⑤ David Pellow, "The Politics of Illegal Dumping：An Environmental Justice Framework," *Qualitative Sociology*, vol. 27, no. 4, 2004, pp. 511-525；David Pellow & Robert Brulle（eds.）, *Power, Justice and the Environment*：*A Critical Appraisal of the Environmental Justice Movement*, Cambridge：The MIT Press, 2005；David Pellow, *Resisting Global Toxics*：*Transnational Movements for Environmental Justice*, Cambridge：The MIT Press, 2007.

与美国环境社会学聚焦于环境问题的社会机制解释不同，欧洲社会科学领域将研究的重点放在了资源、环境问题的政策干预与治理上，并试图发展出一条整合性的绿色发展途径。基于对欧洲环境治理经验的总结和反思，以及对全球性资源、环境问题的持续关注，在对现代工业社会造成的严峻环境问题的讨论过程中，生态现代化、生态国家等理论应运而生，并逐渐发展成为当前全球范围内资源开发、环境治理和绿色发展的主要理论来源与政策依据。

生态现代化理论将资源与环境危机视为一次促使社会发展方式转型的机会，认为人类社会的现代化进程对环境的影响呈倒 U 形特征，在现代化初期，环境问题会加剧，但随着现代化的继续发展，通过现代科技、市场经济和政府行政力量共同推动下的绿色工业结构调整，环境问题将得到缓解。[①] 借助于经济增长方式的转变，工业发展与资源开发、环境保护的双赢可以在进一步的工业化或"超工业化"中实现。[②] 生态现代化理论牵涉到国家、地方政府、企业、社会等不同的力量，关涉制度、技术、科技、文化等不同的影响因素，强调通过环境政策及社会变革、生态技术应用与企业组织方式变迁，实现一种可持续的、"绿色的"经济发展方案。

生态国家理论则以资源开发、环境治理、生态保护与可持续发展为政治理想，重视资源、环境层面的整体性治理与社会层面的公平正义（如代际公正、代内公正、种族公正等），追求一种实现资源、环境问题善治的绿色发展途径。[③] 生态国家的建构具有阶段性，综合看来，包括推进环境治理与加强生态保护、发展绿色经济与推动可持续发展、建立绿色发展的社会制度与思想文化观念这三个阶段。[④] 生态国家建构的重

① U. Simonis, "Ecological Modernization of Industrial Society: Three Strategic Elements," International Social Science Journal, vol. 41, no. 121, 1989, pp. 347-361; A. P. J. Mol, The Refinement of Production: Ecological Modernization Theory and the Chemical Industry, Utrecht, the Netherlands: Van Arkel, 1995.

② J. Huber, "Towards Industrial Ecology: Sustainable Development as a Concept of Ecological Modernization," Journal of Environmental Policy and Planning, vol. 2, no. 4, 2000, pp. 269-285.

③ Ian Gough, "Welfare States and Environmental States: A Comparative Analysis," Environmental Politics, vol. 25, no. 1, 2016, pp. 24-47.

④ James Meadowcroft, "Greening the State?" in John Dryzek, Richard Norgaard and David Schlosberg (eds.), Oxford Handbook of Climate Change and Society, Oxford: Oxford University Press, 2011.

点在于政府发展理念与发展方式的转型，强调国家层面发展理念、发展方式及职能的转变。① 整体而言，在生态国家理论看来，国家职能主要是改善人民福祉，而良好的生态环境是人民福祉的重要组成部分。因此，国家职能应逐渐从行政、司法及促进经济发展等传统领域，转变到对资源、环境管理的社会日程上来，进而通过加强环境管理与生态环境保护来增强人民福祉。

二、国内关于环境、开发与发展问题的研究

中国环境问题的社会学研究并非全然是欧美环境社会学影响的结果。早在社会学重建初期，费孝通便注意到了经济发展过程中的资源开发与环境污染问题，认为要做到开发、保护与发展同时进行，既要发展经济，也要注意保护自然生态和人文资源。② 随着改革开放以来中国资源、环境问题与发展问题的凸显，就资源、环境和发展问题的表现形式、产生原因、解决机制，中国社会学界也积累了丰富的成果。

有研究认为，以工业化、城市化和区域分化为主要特征的社会结构转型是导致中国资源、环境问题的根本原因，③ 而压力型体制和政经一体化体制进一步成为环境污染和冲突的催化剂，④ 在这一过程中，地方政府的特殊地位又使得环境保护目标的实现充满不确定性。⑤ 亦有研究指出，地方政府与企业的利益联盟使得资源在政府和外来资本的共同运作下，被掠

---

① Lennart Lundqvist, "A Geen Fist in a Velvet Glove: The Ecological State and Sustainable Development," *Environmental Values*, vol. 10, no. 4, 2001, pp. 455 - 472; Arthur Mol and Gert Spaargaren, "Ecological Modernization and the Environmental State," in Frederick Buttel, Arthur Mol and William Freudenburg (eds.), *The Environmental State under Pressure*, Emerald: JAI Press, 2000; Max Koch and Martin Fritz, "Building the Eco - Social State: Do Welfare Regimes Matter?" *Journal of Social Policy*, vol. 43, no. 4, 2014, pp. 679-703.

② 费孝通：《及早重视小城镇的环境污染问题》，载《水土保持通报》1984 年第 2 期；《三访赤峰（上）》，载《瞭望新闻周刊》，1995 年第 39 期；费孝通、方李莉：《工业文明进程中的思考》，载《民族艺术》2000 年第 2 期。

③ 洪大用：《当代中国社会转型与环境问题：一个初步的分析框架》，载《东南学术》2000 年第 5 期。

④ 张玉林：《政经一体化开发机制与中国农村的环境冲突》，载《探索与争鸣》2006 年第 5 期。

⑤ 荀丽丽、包智明：《政府动员型环境政策及其地方实践——关于内蒙古 S 旗生态移民的社会学分析》，载《中国社会科学》2007 年第 5 期。

夺和攫取，当地居民成为发展决策的局外人和环境污染的受害者。① 而在不同文化碰撞之下，社区传统伦理规范的丧失或不同文化之间的冲突进一步导致了环境的恶化。② 此外，环境政策制定过程中资源开发地社区声音和公共参与的缺席同样被认为是资源、环境问题产生的重要原因。③ 为治理环境问题，相关研究在政策实践过程中的地方政府角色定位、④ 社区建设、⑤ 传统文化资源、⑥ 民众的环境意识和环境关心⑦等方面进行了大量研究。

8

---

① 顾金土：《乡村工业污染的社会机制研究》，中国社会科学院博士学位论文，2006 年；李华：《隐蔽的水分配政治——以河北宋庄为例》，中国农业大学博士学位论文，2014 年。

② 麻国庆：《草原生态与蒙古族的民间环境知识》，载《内蒙古社会科学》（汉文版）2001 年第 1 期；陈阿江：《水域污染的社会学解释：东村个案研究》，载《南京师范大学学报》（社会科学版）2000 年第 1 期；陈祥军：《知识与生态：本土知识价值的再认识——以哈萨克游牧知识为例》，载《开放时代》2012 年第 7 期；荀丽丽：《与"不确定性"共存：草原牧民的本土生态知识》，载《学海》2011 第 3 期；阿拉腾：《文化的变迁：一个嘎查的故事》，北京：民族出版社，2006 年；葛根高娃：《当代蒙古民族游牧文化相关问题之新解读》，载《中央民族大学学报》（哲学社会科学版）2010 年第 6 期。

③ 王晓毅：《环境压力下的草原社区：内蒙古六个嘎查村的调查》，北京：社会科学文献出版社，2009 年；周立、董小瑜：《"三牧"问题的制度逻辑——中国草场管理与产权制度变迁研究》，载《中国农业大学学报》（社会科学版）2013 年第 2 期；张倩：《牧民应对气候变化的社会脆弱性——以内蒙古荒漠草原的一个嘎查为例》，载《社会学研究》2011 年第 6 期；敖其仁、胡尔查：《内蒙古草原牧区现行放牧制度评价与模式选择》，载《内蒙古社会科学》（汉文版）2007 年第 3 期。

④ 荀丽丽、包智明：《政府动员型环境政策及其地方实践——关于内蒙古 S 旗生态移民的社会学分析》，载《中国社会科学》2007 年第 5 期；包智明、孟琳琳：《生态移民对牧民生产生活方式的影响——以内蒙古正蓝旗敖力克嘎查为例》，载《西北民族研究》2005 年第 2 期；包智明：《关于生态移民的定义、分类及若干问题》，载《中央民族大学学报》（哲学社会科学版）2006 年第 1 期。

⑤ 王晓毅：《生态压力下的牧民与国家》，载《公共管理高层论坛》2008 年第 1 期；《互动中的社区管理——克什克腾旗皮房村民组民主协商草场管理的实验》，载《开放时代》2009 年第 4 期；《建设公平的节约型社会》，载《中国社会科学》2013 年第 5 期。

⑥ 麻国庆：《环境研究的社会文化观》，载《社会学研究》1993 年第 5 期；陈阿江：《论人水和谐》，载《河海大学学报》（哲学社会科学版）2008 年第 4 期；《再论人水和谐——太湖淮河流域生态转型的契机与类型研究》，载《江苏社会科学》2009 年第 4 期。

⑦ 洪大用：《环境关心的测量：NEP 量表在中国的应用评估》，载《社会》2006 年第 5 期；洪大用、范叶超、肖晨阳：《检验环境关心量表的中国版（CNEP）——基于 CGSS2010 数据的再分析》，载《社会学研究》2014 年第 4 期；洪大用、卢春天：《公众环境关心的多层分析——基于中国 CGSS2003 的数据应用》，载《社会学研究》2011 年第 6 期；洪大用、肖晨阳：《环境关心的性别差异分析》，载《社会学研究》2007 年第 2 期。

三、民族地区资源开发、环境保护与社会发展问题研究

在民族地区资源开发所带来的环境保护和社会发展问题的原因分析上，相关研究认为，政府主导的资源开发不能调动少数民族的主体性，外来"先进"模式难以与本土固有经验相结合，以经济增长为主要目标的发展观引起经济社会发展的极端不均衡，进而对生态脆弱和社会脆弱的西部民族地区造成了负面影响。例如，姚文遐认为，西部民族地区资源的过度开发和不合理利用加剧了对该地区生态环境的破坏。[①] 金海燕也认为，西部大开发以来，民族地区为了满足经济增长和社会发展的需要，无序、过度等不合理的资源开发模式使得一些地区的环境问题变得愈发严峻和突出。[②]

在原因分析上，惠泽宇分析了民族地区资源开发给当地居民（包括少数民族）带来的发展问题：一方面，资源开发带来的物质财富未能很好地促进当地居民的生存和发展；另一方面，资源开发带来的环境破坏给当地居民的生存和发展造成不良影响，并且未能对当地居民进行合理的生态补偿，影响到民族地区经济社会的可持续发展。[③] 乌兰认为，现行对少数民族地区权益进行保护的资源开发的法律制度在实践中并没有得到真正的落实，企业对生态补偿的投入严重不足，从而使得民族地区难以摆脱"资源魔咒"。[④]

面对民族地区资源开发所带来的环境问题和社会发展问题，相关学者建议从利益分配机制和政策干预等方面入手，来理顺三者之间的关系，进而实现协调发展。例如，陈祖海、陈莉娟认为，水电资源开发不仅对地方社会经济发展的贡献有限，反而对民族地区的经济社会造成一定负面影响，因此，应构建包含利益共享机制和生态补偿机制等在内的民族地区资

① 姚文遐：《西部民族地区资源开发与生态环境保护》，载《喀什师范学院学报》2004年第1期。

② 金海燕：《民族地区的资源开发与环境保护问题研究》，载《黑龙江民族丛刊》2007年第5期。

③ 惠泽宇：《民族地区资源开发中少数民族利益保障研究》，中央民族大学博士学位论文，2013年。

④ 乌兰：《资源自治权视角下民族地区矿产资源开发利益分配政策研究》，载《贵州民族研究》2013年第1期。

源开发利益协调机制。① 王承武等人也认为，应通过制度建设，理顺西部民族地区资源开发及利益分配格局，推动实现西部民族地区资源优势转换和经济社会的快速发展。②

此外，还有学者从贯彻新的发展理念，改变发展方式等方面来研究推动实现民族地区资源开发、环境保护与社会发展之间协调均衡的途径。研究者认为，民族地区的发展应尊重和调动民族地区当地人的主体性，将发展内容和方式嵌入少数民族文化当中，以社区或社群为单位培育民族地区自主发展的能力，以绿色发展观替代经济至上的发展观。③ 基于对西部地区生态环境恶化引起的地方冲突等问题的考察，周大鸣等提出，要立足于当地的生态和文化，倾听发展主体的声音，尊重当地人的发展权和发展的自由权，探索中国西部地区内源式发展道路。④ 基于增长—不平等—贫困和增长—不平等—环境的理论分析，郑长德从地缘政治、地缘经济、地缘文化和地缘生态等方面分析了民族地区在全国发展格局中的特殊战略地位，提出了民族地区应走包容性绿色发展之路，实现全面小康的政策建议。⑤

第三节 研究思路和分析框架

近年来，在民族地区资源依赖型发展方式的转型过程中，地方政府越来越重视绿色发展。什么是绿色发展？如何推进民族地区的绿色发展？本课题研究认为，绿色发展是一种新的发展理念和发展方式，有利于推动民族地区转变高环境污染、高社会风险的资源依赖型发展方式，实现民族地区资源开发、环境保护、经济发展与社会建设的全面、平衡、可持续发展。这意味着西部大开发，尤其是西部民族地区的开发，绝不能走先污染

---

① 陈祖海、陈莉娟：《民族地区资源开发利益协调机制研究——以清江水电资源开发为例》，载《中南民族大学学报》（人文社会科学版）2010年第6期。

② 王承武、马瑛、李玉：《西部民族地区资源开发利益分配政策研究》，载《广西民族研究》2016年第5期。

③ 侯远高等：《西部开发与少数民族权益保护》，北京：中央民族大学出版社，2006年；马戎等：《中国民族社区发展研究》，北京：北京大学出版社，2001年；钱宁：《对新农村建设中少数民族社区发展的思考》，载《河北学刊》2009年第1期。

④ 周大鸣等：《寻求内源发展：中国西部的民族与文化》，广州：中山大学出版社，2006年。

⑤ 郑长德：《中国少数民族地区包容性绿色发展研究》，北京：中国经济出版社，2016年。

后治理、先开发后保护、先经济增长后社会建设的发展道路，而应从根本上贯彻新的发展理念，端正发展观念，转变发展方式，把绿色发展作为民族地区未来发展的方向和目标。

通过对与本课题研究相关的国内外主要研究文献的梳理分析，本课题研究发现，社会学界对于民族地区资源依赖型发展模式及其绿色转型的研究整体上还处于初步阶段，而资源开发恰恰构成现代化背景下民族地区环境问题与社会问题高发的重要原因，这给了中国环境社会学经验案例研究与理论发展的重要空间。

第一，关于资源开发所带来的环境和社会问题的阐释，国内相关研究多将民族地区的"环境问题"和"发展问题"分开讨论。课题组认为，应从社会与环境互动的视角，将资源开发进程中的"环境问题"与"发展问题"并置，从"整体性"框架中把握生态环境与经济、社会、文化的关系，并为民族地区资源开发进程中的资源环境与社会发展问题寻找合适的理论解释路径。

第二，民族地区绿色发展研究缺乏整合性的分析框架和理论解释路径。由于民族地区的特殊性，目前学界关于民族地区环境问题的治理途径探讨多将焦点放在了当地人身上，从民族文化传统、区域特色等方面寻找环境问题善治的途径，导致国家、政府、市场等主体在民族地区环境治理和绿色发展中的作用在一定程度上被忽视。国外研究已经表明，国家层面发展方式的转变、政府角色转型、市场机制建设等对环境治理与绿色发展至关重要。本研究认为，应进一步扩展民族地区环境问题研究的视野，跳出当地人的视角，在政府、市场、社会等不同主体与力量构成的结构性要素中，探讨环境问题产生的原因及环境问题善治的途径。同时，应积极吸收和借鉴国外的绿色国家理论、生态现代化理论和环境治理的先进经验，为民族地区乃至中国环境问题的善治和绿色发展寻找出路。

综上，延续环境社会学的学理脉络及发展现状，我们认为有必要同时关注环境问题的社会机制与治理途径，并提供一个更为整合和动态的解释框架，从而对民族地区的资源开发、环境保护与社会发展诸问题进行全面评估和合理解释。结合课题组实地调查具体情况，在当前生态文明建设与绿色发展的体制背景下，本课题基于"发现问题→解释问题→解决问题"的路径，主要从两个层面对民族地区的资源开发、环境保护与社会发展的关系问题进行分析：一是在不同的资源类型中呈现民族地区资源开发中的社会与环境问题，并在环境公正的理论视角下对问题产生的原因进行分析；二是基于民族地区的环境治理与社会发展实践，在绿色发展的理论视角下探讨问题的解决方案（研究思路和框架见图1-1）。

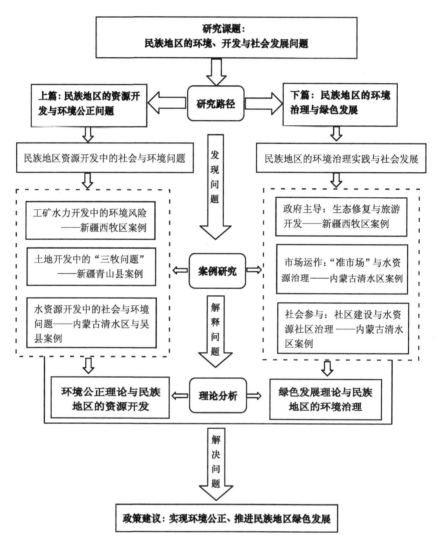

图1-1　课题研究的思路和框架

本项研究呈现的是课题组近五年的研究成果，主要涵盖了两个部分的内容。第一部分基于对民族地区矿产资源、土地资源、水资源等开发现状、形式及问题的研究，分析了民族地区的环境公正问题及其产生的原因。从内蒙古、新疆两地资源开发过程中产生的诸多问题可以看到，国家层面上的最初以基础设施建设和生态环境保护为重点的西部大开发政策在实践中被地方政府变通为资源的大开采，并造成了资源开发、环境保护与社会发展之间的失衡。然而，这并不意味着问题的症结就在地方政府本身，我们的探讨与反思须回到支撑地方政府行为选择的结构性制约框架之中，其解决之道也只有在对多重结构力量的把握中得以实现。因此，在第二部分，本课题基于政府、市场、社会等三重结构性力量，分析了民族地区的环境治理与发展实践，集中讨论了民族地区的绿色发展问题。

在中国的政体设计上，地方政府包括省、市、县、乡四级。在实践中，中央政府制定的政策主要通过科层制体系逐级加以贯彻和落实，而县级政府一般是政策落实的主体。因此，课题组主要使用"县域政府"① 作为分析民族地区资源开发问题的单位。从 2012 年到 2017 年，课题组在内蒙古自治区与新疆维吾尔自治区选取了多个调查点，进行了长期的田野调查。限于研究思路和篇幅，本项报告并没有将课题研究涉及的所有调查点和研究内容都纳入进去，而是选取了其中的四个主要调研点，对相关主题的研究内容进行了系统分析。这四个调研点分别为：新疆维吾尔自治区伊犁哈萨克自治州西县、新疆维吾尔自治区阿尔泰山地区东部青山县、内蒙古自治区西部清水区、内蒙古自治区西部河套灌区吴县。② 在对这四个调查点的不同资源开发类型进行分析的基础上，课题组重点选择了新疆西县和内蒙古清水区，对其环境治理和社会发展实践进行剖析，以探讨实现环境公正和推动绿色发展的可行路径。

第四节　研究内容

如图 1-1 所示，本课题研究内容主要包括两个部分：一是民族地区的资源开发与环境公正问题研究，从民族地区的矿产、土地、水等具体的资源类型出发，探讨各类资源开发中产生的社会与环境问题，并运用环境公正的理论视角对其进行分析解释。二是民族地区的环境治理与绿色发展，从民族地区的环境治理与社会发展实践出发，在政府、市场、社会的分析

---

① 关于"县域政府"这一概念的具体阐述，参见折晓叶：《县域政府治理模式的新变化》，载《中国社会科学》2014 年第 1 期。

② 四个调查点的基本情况见第二章首页、第三章首页、第四章第一节。

框架中，探讨民族地区的绿色发展问题。基于以上研究，本课题还将积极探索实现环境公正、推进民族地区绿色发展的对策建议。

一、民族地区的资源开发与环境公正问题

这一部分的研究将从两个层次展开，一是通过案例研究的形式，呈现民族地区资源开发中的社会与环境问题；二是应用环境公正理论分析民族地区资源开发中出现的社会与环境问题。基于课题组在民族地区长期的实地调查发现，民族地区的资源开发主要体现为矿产、水、土地等三种资源的开发。而在这三种资源的开发过程中，都体现出以资源开发带动经济发展的逻辑。正是这样一种发展逻辑，导致资源开发过程中环境问题的产生。

（一）民族地区资源开发中的社会与环境问题

1. 工矿水力开发中的环境风险——新疆西牧区案例

新疆西牧区拥有丰富的煤、铁等矿产资源，且位于水量丰富、落差大的西河上游。在地方政府的主导下，西牧区大规模工矿水力开发格局迅速形成，大批资源开发企业入驻。然而，在西牧区资源开发过程中，国家以基础设施建设和生态环境保护为重点的西部大开发战略在这里化约为以工矿水力资源开发为主要形式的工业化实践。通过政府和企业之间的合作，企业入驻的制度通道被打开，牧民的草场也在这一政企"合作"中被占用。这样一种开发形式不仅导致了西牧区工矿水力、草场等资源的输出，还产生了污染的输入。普通牧民非但没有从资源开发中获利，反而承担了工矿水力开发带来的多重环境风险。在面临多重环境危害、生存陷入险境的情况下，西牧区农牧民先后进行了多次以堵路为主要形式的环境抗争。

2. 土地开发中的"三牧问题"——新疆青山县案例

新疆地区的土地开发已经持续了数百年。中华人民共和国成立以后，新疆青山县的土地资源开发是国家力量与市场力量逐步深入牧区的过程，体现出通过土地资源开发实现治理的双重目的，并对青山县的牧区、牧业与牧民带来不同形式与不同程度的影响。政府通过土地资源开发，鼓励汉族移民迁入，发展农业生产，逐步改变了牧区土地利用格局和经济发展方式。这种通过开发实现治理的方式一方面推动了牧区经济社会发展，另一方面也带来了农牧业与农牧民之间的矛盾和问题。在青山县，土地的大规

模开发与农耕区域的扩张导致牧业发展受到限制，牧民草场压缩，农牧之间水资源、秸秆资源争夺等问题频繁发生。同时，牧民与草场的关系也发生了改变。在市场力量刺激之下，牧民对草场进行掠夺式利用，春秋草场上也开始出现牧民的定居点和饲草料基地，牧业可持续发展面临危机。不仅如此，大规模土地开发伴随市场化力量的侵入导致牧民传统互惠合作的游牧文化也在发生着变革。牧区"人—草—畜"矛盾进一步加剧，对草场资源的过度利用问题也随之发生，牧区可持续发展面临困境。

3. 水资源开发中的社会与环境问题——内蒙古清水区与吴县案例

在内蒙古清水区和吴县，水资源开发成为集聚地方经济发展动力的主要形式。为应对工业化建设中的"水困"难题，旨在调整工农业用水结构的"水权转换"被地方政府创造出来。通过"水权转换"，地方政府将稀缺的水资源从农业配置到工业领域，从而走向以水资源开发和出让为导向的地方工业化发展模式。

然而，在清水区，"水权转换"限制了农业的用水资源导致农业生产陷入危机，同时，当地通过"水权转换"承接了一批高污染、高能耗的化工企业，进一步造成了清水区的资源与环境危机。在这一过程中，农牧民不仅成为地方发展的旁观者，资源的出让者，还是工业污染的受害者。而当地农牧民不仅陷入生计危机与发展困境，同时还要承担环境污染的风险。

与清水区类似，吴县"水权转换"同样演化为地方社会的农业节水实践，而农业节水目标在地方水管局的运作中，进一步被"水费改革"目标策略性置换。农业节水与水费上涨不仅影响到农民的农业生产，同时也带来村庄秩序的混乱。作为对农业节水与水费上涨的不满，农民拒交水费、少交水费的现象屡屡发生，大大增加了农业灌溉管理的困境。

（二）理论分析：环境公正理论与民族地区的资源开发

从新疆西牧区工矿水力开发中多重环境风险的不均衡分布，到新疆青木县土地开发中的"三牧问题"，再到内蒙古清水区及吴县水资源开发中的社会与环境问题，本课题研究发现，虽然各地区资源开发的类型不尽相同，但却都在实践中呈现出一个共同的特征，即资源开发对当地生态环境造成了破坏，而当地群众不仅从资源开发中获益较少，还要承受环境破坏的后果。

在这一部分，本课题将以环境公正为理论视角，审视、总结民族地区资源开发进程中的社会与环境问题，分析环境公正问题的具体呈现形式，探讨环境公正问题产生的原因。课题研究认为，民族地区资源开发进程中资源环境不公正现象根植于多重交错的结构性力量。因此，我们需要厘清民族地区资源开发进程中交互错杂的利益关系，找出造成环境公正持续再生产的结构性力量，以此探索实现民族地区资源开发、环境保护与社会发展多赢的可行路径。

二、民族地区的环境治理与绿色发展

这一部分的研究同样分两个层次展开，一是通过案例研究，分析民族地区的环境治理与社会发展实践；二是基于绿色发展的相关理论和理念审视民族地区的环境治理与社会发展实践。通过我们的实地调查发现，民族地区的环境治理是一个由地方政府、资源开发企业、资源开发地农牧民等多元主体与多重力量共同推动与参与的社会过程，有利于在实践环境公正的基础上，推动民族地区的绿色发展。

（一）民族地区的环境治理实践与社会发展

1. 政府主导：生态修复与旅游开发——新疆西牧区案例

新疆西牧区基础设施薄弱，整体发展水平低，"开发"与"保护"之间的矛盾极为突出。在西县政府不断向上级政府诉求和请予协调下，西县如何发展也引起了上级政府的重视。自治区政府在国家战略的考量下，为西县做出了"打造世界级旅游精品"的发展战略。从2013年开始，西牧区走上了旅游生态治理之路，生态旅游资源成为西牧区最主要的资源开发形式。

在发展生态旅游战略确立之后，一方面，西县政府全面禁止煤、铁、水力等资源开发企业进入西牧区，并要求已经存在的资源企业进行绿色转型。一部分进行环境治理与产业升级，发展绿色矿山，另一部分直接投入旅游开发中去。另一方面，确立了"素面朝天、还其自然"的生态旅游开发理念，加强草原生态环境保护，在西牧区实施大规模的以定居兴牧、禁牧为主的生态治理工程。为了在这一过程中兼顾牧民利益，避免牧民再次成为资源开发与生态环境保护中的牺牲者，西县政府帮助牧民从传统的牧业生计中解放出来，参与到现代旅游开发进程中去。牧民逐渐从传统的游牧者变为旅游资源开发的受益者。牧民长期以来与草原相依相存，具备保护草原的本土生态知识与意识，在生态旅游资源开发中，牧民也在践行着草原生态保护与绿色社会建构的责任。

2. 市场运作："准市场"与水资源问题治理——内蒙古清水区案例

在内蒙古，水资源不足导致的工矿企业落户困难问题，催生了内蒙古引黄灌区的"水权转换"实践。然而，在"水权转换"的过程中，农民无法参与到水市场的运作过程中，农业灌溉面临水资源不足的危机。为了解决这一问题，地方政府发展出水资源的"准市场"运作机制，以期通过水权制度变革、引进私有部门等市场力量，改善过去单独由政府部门主导的公共服务的经营绩效，通过民主协商与公私合力的方式，提高水资源的利用效率。

在清水区，水资源问题的"准市场"治理是一个政府与市场兼具的综合性社会现象，它是一个中央政府、地方政府、工矿企业、社区及农业用水者等多元社会主体共同参与的社会过程。除了工矿企业出资实现农业节水之外，地方政府还通过引进外来农业企业的方式，加快农村土地流转、推进农业合作化建设。节水公司与农业合作社合作，帮助合作社推广膜下滴灌技术。截至 2017 年 7 月，清水区 80% 的土地已经流转至合作社手中，农民收取租金或入股分红。这样一种资源利用与开发模式既实现了农业节水，也促进了农牧民就地就近转产增收。

水资源的"准市场"运作通过产权制度建设与市场竞争机制来促进水资源的优化配置。在一系列复杂的"政府—市场"关系背后，"水权"提供了地方政府招商引资与实现地方工业化发展的筹码，而"转换"则使得农业发展被纳入地方工业化的整体脉络中。通过水资源的"准市场"运作，民族地区逐渐发展出"以水生财，以财治水"的区域水资源问题治理模式。

3. 社会参与：社区建设与水资源社区治理——内蒙古清水区案例

在内蒙古清水区"水权转换"的运作过程中，由于农民用水户主体地位缺失，即使地方政府与工矿企业投入再多的资金去改善农田灌溉设施、激励农业节水，大部分农户对于节水的接受度依旧不乐观。然而，清水区高村用水户协会运作的案例却使我们看到了这一问题解决的可能路径。20 世纪 80 年代中期，得益于世界银行的项目推广，世界范围内兴起一场依托农民用水户协会进行的灌溉管理体制改革浪潮。2006—2007 年，在清水区水利部门的

组织协调之下，清水区八个农业村庄相继成立农民用水户协会。

清水区八个用水户协会在运行过程中大部分处于"无钱""无权""无事"的失灵状态，没能发挥自主治理的效果。而高村通过对村庄积累传承的传统社区价值观以及制度规范的整合，发挥了自主治理的作用。农户通过用水户协会等参与管道，将意见反映在灌溉水资源管理、农业节水与水市场建设等政策实践过程中，使地方政府能够针对农民用水户的地方性知识及其利益表达，制定更具代表性与回应性的水权政策。地方政府通过农民用水户协会这个公共平台，与农民用水户协商互动、互换信息与资源，从而厘清了农业灌溉水权中的权、责、利关系。高村农民用水户协会成为一个能够真正代表农户自身利益的组织群体，通过社区水权的制度建构，为农民用水户搭建了一个组织平台，在产权明晰的基础之上，型构了与地方政府、水利部门等不同主体平等的地位，参与到区域水资源治理之中，维护了农户的用水权益。

综上，本研究认为，民族地区资源开发进程中环境治理与绿色发展转型既要重新定位地方政府在资源开发与环境治理中的角色，挖掘地方政府具备的环境治理资源与能力；同时，也要规范市场、培育社会，建立起资源开发进程中企业与农牧民之间的利益联盟关系，让农牧民在市场环境中受益，进而构建一种以政府主导、企业为主体、基层社区和农牧民共同参与的环境治理体系和绿色发展机制。

（二）理论分析：绿色发展理论与民族地区的环境治理

课题组认为，在民族地区大规模资源开发和快速工业化过程中，生态环境的脆弱性与现代化发展的滞后性是其必须长期面对的社会现实，推进绿色发展对于协调民族地区资源开发、环境保护与社会发展三者间的关系具有重要意义和价值。本课题研究认为，有必要从政府、市场与社会互动的视角，提出一个整体性的、关于推动民族地区绿色发展的理论分析框架。一方面，本课题通过对生态现代化、绿色国家、绿色社会等理论的分析借鉴，审视民族地区的环境治理与绿色发展实践。另一方面，探讨建构以政府为主导、企业为主体、社会广泛参与的环境治理机制，为推动民族地区的绿色发展，形成人与自然和谐发展的现代化建设新格局提供政策建议。

总体而言，开发与保护仍然是新时代西部大开发新格局面临的两个重要任务。发展要促进民族地区的生态环境保护，保护要推动民族地区的经济社会发展，开发与保护共同构成了民族地区的绿色发展。在生态环境脆弱和社会韧性不足的民族地区，不均衡不充分发展现状的改善、人民群众美好生活需求的满足，都需要坚定不移地贯彻新发展理念，端正发展观念，转变发展方式。在加快生态文明体制改革和建设美丽中国的大背景下，民族地区正逐步走向一条从资源依赖型发展向绿色发展转型的道路。

第五节　研究方法

鉴于民族地区资源开发过程中的环境和社会发展问题区域差异明显，本课题主要采用"案例（个案）研究方法"，在内蒙古自治区和新疆维吾尔自治区四个调研点中选择了六个典型案例。六个典型案例的选择照顾到了与本课题主题相关的不同资源开发类型及环境治理的不同主体。具体来说，上篇关于资源开发与环境公正研究的三个案例囊括了民族地区工矿、土地、水力等不同的资源类型；下篇关于环境治理与绿色发展研究的三个案例涵盖了政府、市场和社会等不同的治理主体。

本课题综合运用文献法、问卷调查法、深度访谈法和参与观察法搜集资料。根据预定研究目标，课题综合使用文献分析、单案例深入剖析和多案例比较分析等资料分析方法，关注案例的典型特征及不同案例之间的异同，并在此基础上概括民族地区资源开发、环境保护与社会发展三者之间关联的社会机制，探索适合于解释这一复杂现象的理论。换言之，本课题是以对民族地区资源开发、环境保护与社会发展等问题的理论分析与建构为诉求的多案例研究。基于对内蒙古、新疆两地六个典型案例的分析，总结民族地区不同资源开发类型中的环境与社会问题，透视民族地区"开发""保护"与"发展"之间关系失衡的问题本质，探索促进三者共赢的可行路径，并在这一过程中发展相关的理论概念。

执笔人：包智明　石腾飞

19

上　篇

民族地区的资源开发与环境公正

第二章　民族地区工矿水力
开发中的环境风险

——新疆西牧区案例

西牧区位于新疆西部的西县，是西县最主要的夏草场，也是西县各种资源的集合地。西县是国家级扶贫开发工作重点县，地方工业化发展需求强烈。西牧区拥有丰富的煤、铁等矿产资源，且位于水量丰富、落差大的西河上游。2000年国家正式实施的西部大开发战略为西牧区提供了发展契机。以县政府为主体的当地基层政府通过提供多种优惠政策（包括税收减免、土地使用优惠等）、宣传（强调当地的优势资源转换发展战略，引进大企业和大集团战略）、规划（围绕"能源大县"目标，发挥资源优势，着力打造能源化工工业园）等方法大力进行招商引资。在地方政府的主导下，西牧区大规模工矿水力开发格局迅速形成，大批资源开发企业入驻。然而，在西牧区资源开发过程中，当地的牧民却承担了工矿水力开发所带来的环境风险。

在这项研究中，我们研究的时间段主要为新疆西牧区工矿水力资源开发阶段，时间大体在2000—2010年这十年之间。通过对这一时期西牧区工矿水力资源开发过程中环境风险问题的分析，探讨工矿水力资源开发中的环境公正问题，并对牧民的应对策略进行讨论。

第一节　政策驱动与外来资源开发企业的进驻

西牧区资源开发企业的进驻是在政策驱动下实现的，这使得资源开发企业在制度层面获得了进入西牧区从事工矿水力资源开发的资格，具备了资源开发的制度和政策合法性。而这样一种政策驱动力量既包括中央政府层面关于推进西部大开发战略的一系列发展规划，也包括新疆自

治区各级地方政府出台的一系列有利于民族地区资源开发与工业发展的政策规划。

1999 年 11 月，中央经济工作会议确定了对西部进行大开发的战略决策。2000 年 3 月，国务院西部地区开发领导小组办公室正式成立并且开始工作。在中央层面来看，西部大开发的目的在于"贯彻邓小平同志'两个大局'战略构想，逐步缩小地区差距，加强民族团结，保障边疆安全和社会稳定，推动社会进步；调整地区经济结构，发挥各地优势，促进生产力合理布局，提高国民经济整体效益和水平；扩大国内需求，开拓市场空间，保持国民经济持续快速健康发展，推动实现现代化建设第三步战略目标"。①

根据《国务院关于实施西部大开发若干政策措施的通知》和《"十五"西部开发总体规划》，中央制定的"西部大开发"战略的重点任务集中在六个方面：基础设施建设、生态建设和环境保护、农业和农村扶贫与发展、产业结构调整、科技教育发展、社会事业发展。目标则是"力争用 5 到 10 年时间，使西部地区基础设施和生态环境建设取得突破性进展，西部开发有一个良好的开局。到 21 世纪中叶，要将西部地区建成一个经济繁荣、社会进步、生活安定、民族团结、山川秀美的新西部"。② 为了推动完成以上任务和目标，国家进一步在资金投入、投资环境、对内对外开放、人才和科技教育等方面对西部地区提供相关优惠政策。

国家确定的西部大开发的地域，包括西南的云南、贵州、四川、西藏、重庆 5 省、自治区、市，西北的陕西、甘肃、青海、新疆、宁夏 5 省、自治区和内蒙古、广西 2 个自治区以及湖南湘西、湖北恩施 2 个土家族苗族自治州，这个格局被称为"10+2+2"。这些区域囊括了中国的 5 大民族自治区，全国 30 个民族自治州中的 29 个自治州，全国 120 个自治县（旗）中的 83 个县（旗），有全国 55 个少数民族中的 50 个，人口占全国少数民族总人口 10449 万人（据 2000 年第五次全国人口普查）的 80%，可谓少数民族最密集和人口最多的地区。因此，西部大开发也可视为民族地区的大开发，而新疆、内蒙古等地则更是西部大开发的重中之重。

在国家的战略规划和政策初衷上，西部大开发的重点是基础设施建设和生态环境保护，进而通过这两方面来推动当地的经济发展和社会进步。正如江泽民在 2000 年 8 月举办的"十五"期间经济社会发展座谈会上强调的："实施西部大开发，力争用 5 到 10 年时间，在基础设施和生态环境建设上取得突破性进展，使西部开发有一个新的良好开局。"而朱镕基在 2000 年 9 月赴新疆考察时进一步指出："加快基础设施建设，是西部大开发的当务之急。集中力量抓好一批水利、交通、通信、电网与城市基础设施等重大工程，就可以有力地带动经济发展全局。生态建设和环境保护是西部大开发的根本，要有计划、分步骤地抓好退耕还林还草、荒山荒漠绿化等生态建设工程，改善西部地区的生态环境和生产条件。这项工作做好了，不仅对西部地区，而且对全国的可持续发展都具有十分重大的意义……下大力气把基础设施建设、生态环境建设和科技教育发展这三个方面抓好了，西部大开发就会有较高的起点，就会有扎实的基础，就会有可持续发展的后劲。"[1]

　　根据中央政府层面提出的一系列关于推进西部大开发战略的政策规划和指导意见，新疆维吾尔自治区政府在《西部大开发——新疆开发规划思路》中进一步明确了新疆的开发任务：第一，加强以水利、交通和通信为重点的基础设施建设；第二，积极推进产业结构战略性调整，大力发展特色经济；第三，切实加强生态建设和环境保护；第四，积极推进科技进步，加快人才培养；第五，突出重点，扶优扶强，加快天山北坡经济带开发，促进区域经济协调发展；第六，进一步解放思想，加大改革开放力度。[2] 在新疆的开发规划中，一方面强调"把加快基础设施建设作为开发的基础、把加强生态环境保护和建设作为开发的根本"，实现"国家再造一个山川秀美的西部的设想和可持续发展的战略要求"；另一方面，则是"把新疆建成全国最大的优质棉花、优质棉纱和优质棉布生产基地，建成全国重要的粮食、畜牧、瓜果和糖料生产加工基地，建成我国西部重要的石油天然气生产基地和石油天然气化工基地，使新疆成为全国经济增长的重要支撑点"。

　　然而，在具体实践过程中，新疆各地区的开发思路却越来越集中地体

　　① 中国西部开发网：《朱镕基在新疆考察工作时指出——新疆可以在五至十年内，取得基础设施和生态环境建设的突破性进展》，2000 年 9 月 12 日。
　　② 自治区计划委员会：《西部大开发——新疆开发规划思路》，2000 年。

现在资源开发与工业发展方面。在新疆西县，工业化被认为是地区发展的潜力所在、希望所在，是实现富民强县目标的根本出路。在地方政府看来，只有加快推进工业化，才能迅速壮大财政实力，才能实现工业反哺农业，才能更有力地保障和改善民生。因此，在2010年西县发展规划中，地方政府明确提出了"西县的出路在工业化，西县实现跨越式的发展也在工业化"的理念，要求各部门、各单位紧紧围绕增加财政收入这个核心，坚定不移、毫不动摇地举全县之力全力以赴地推进工业化进程，以实现"富民强县"的新跨越。①

在西县资源开发与工业发展思路确定以后，在具体推进过程中，西县政府进一步制定了工业化发展规划，并将其明确为"一个目标"（建设能源大县），"两大战略"（优势资源转换战略、大企业大集团战略），"一个工业园"（西县能源化工产业园），"五大支柱产业"（煤炭、煤化工、水电、矿产、农牧产品加工）。具体来说："依托得天独厚的矿产资源、水能资源、农牧产品资源优势，以建设能源大县为目标，全面实施以市场为导向的优势资源转换战略，实施大企业、大集团战略，加快资源优势向经济优势转化，切实增强自我发展能力，加快转变经济发展方式，合理布局，优化结构，着力打造西县能源化工产业园，加快西河流域水电开发，发展农牧产品加工产业，以园区为载体，强势构建由煤炭、煤电煤化工、水电开发、金属矿产开发、农牧产品加工业为支柱的工业化体系，把西县建设成为能源基地、煤焦化基地、金属矿产开发基地、农牧产品精深加工基地，实现跨越式发展。"②

至此可以发现，国家西部大开发战略的实施不仅成为西县大规模资源开发的开端，而且进一步为西县的工业化发展、资源开发提供了政策支持和推动力。在西县工业发展规划中，大企业大集团战略和优势资源转换战略是核心。所谓"大企业大集团战略"即"强力招商引资，优化招商服务，引进自身实力强的大企业大集团入驻西县，快速推进，开拓创新，以大投资带动大建设，促进大发展，实现西县工业经济的跨越式发展"。"优势资源转换战略"则是"以政府为主导，以大企业大集团为主力，建设一批有规模、关联度大、带动力强、科技含量高、产业链条

---

① 西县工业办：《西县工业化发展规划》，2000年。
② 西县工业办：《西县工业化发展规划概要》，2000年。

长的优势资源转换产业项目，实现资源利用最大化，产业效益最大化，地方贡献最大化"。①

在具体实践过程中，为了推动实现大企业大集团战略和优势资源转换战略，促进工业企业入驻，推进工业化进程，西县政府先后出台了《西县工业化发展规划》《关于进一步加快推进新型工业化建设的决定》《关于进一步加强招商引资和项目建设工作的实施意见》《关于进一步深化效能建设优化投资与发展环境的决定》等政策文件，并成立了工业化建设办公室（先后更名为新型工业化建设办公室、推进新型工业化办公室）、工业园区管理办公室、工业园区行政服务中心等相关机构（工业园区管理办公室和工业园区行政服务中心与工业办合署办公），大力推进工业化建设和招商引资工作。在这一过程中，西县政府的招商引资优惠政策更是为吸引企业进驻西县进行资源开发提供了强大的政策推动力。

客观而言，随着东部地区工业化的迅速发展，土地和劳动力日益昂贵、资源渐趋贫乏、发展潜力逐步下降等问题逐步暴露出来，技术、资金、人才、劳动力和密集型高耗能企业和部分资本密集型产业面临升级和改造困境。与此同时，东部地区的环境容量越来越小，环境保护的要求和门槛越来越高，东部地区企业亟待寻找新的出路。此时，西部地区政府的政策优惠与支持、广阔的土地、丰富的资源、庞大的劳动力、极具潜力的市场等对东部地区产生了极强的吸引力。在政策驱动之下，相关企业纷纷开始向西部转移，加入"西部大开发"的浪潮中。

西县招商引资优惠政策②（选编）

1. 2000 年至 2020 年，在西县新办的属于重点鼓励发展产业目录范围内的企业，给予取得第一笔生产经营收入所属年度起企业所得税"两免三减半"的优惠政策。

2. 对符合自治区农产品精深加工范围的企业，免征 5 年企业所得税地方分享部分。对属于国家西部大开发鼓励类产业目录的企业，在享受企业所得税优惠税率的基础上，免征 5 年企业所得税地方分享部分；对符合自治区农产品精深加工范围的企业，免征 5 年自用土地城镇土地使用税；对所有农产品加工企业免征 5 年房产税。

......

---

① 西县工业办：《西县工业化发展规划概要》，2000 年。
② 西县招商局：《西县宣传册》，2001 年。

5. 新办交通、电力、水利、广播电视、农产品加工、旅游企业，上述项目业务收入占企业总收入 70% 以上的，免征企业所得税期满后，减半征收企业所得税 3 年。

……

8. 企业销售自产的以煤矸石、煤泥、石煤、油母页岩为燃料生产的电力和热力，利用风力生产的电力，其实现的增值税实行即征即退 50%。

……

16. 在本县投资的重点招商引资项目除享受国家西部大开发、自治区、自治州制定的优惠政策外，对农业产业化、高新产业、循环经济及投资额大、产业关联度大、对地方财政贡献大、发展前景好的重点工业项目和重点工业企业，我们将采取"一事一议"的办法给予优先、优惠，特事特办，享受相应更多的优惠政策。并且，为投资企业提供简便高效的全方位服务，推行项目"一站式"审批和"一条龙"服务，在规定的工作日内帮助企业办理办结审批手续。

在西县工业发展和招商引资过程中，水力开发和煤化工产业被摆在了优先发展的位置。长期以来，加快开发西河丰富的水能资源，实现能源优势转化，一直被认为是调整新疆电网电源结构，促进西县社会经济发展的重要出路。西部大开发战略为新疆及西县大建设、大发展、大开发创造了历史性机遇，在这一战略规划和政策驱动下，西县开始着力打造西河水电基地，建设水电站。在这一指导思想下，西河水电开发有限公司将西河"买下"，计划在上面建造 19 个水电站，并于 2005 年 3 月开工建设。

另外，在西县政府看来，煤矿建设是地方工业发展的关键，煤矿建设滞后会延缓煤化工、煤电等煤炭转化产业的实施。加之煤矿建设的前期工作、煤矿项目的审批需要一定的时间，大型煤矿的建设期一般需要 3—4 年。因此，地方政府要求在探明资源量的情况下，必须加快煤矿建设。

为了推动煤化工产业发展，西县以建设百万吨及以上规模的大型煤矿和特大型煤矿为目标，明确提出"谁勘探、谁受益，谁进度快、就优先支持谁"的资源配置原则，积极支持和配合大企业、大集团进行煤炭资源整合，将煤炭资源配置给力度大、进度快、有规划、上项目的大企业、大集团，加快勘探工作；同时，积极支持大企业、大集团"发挥资金、技术、人才和管理优势"，以收购、兼并、入股、参股、控股等多种方式参与西县的煤炭资源重组和煤矿改造升级，优化煤矿资产重组、资源配置、联合改造。

大型煤化工项目年用水量通常高达几千万立方米，每小时用水量能达到每吨产品耗水十吨以上（相当于一些地区十几万人口的水资源占有量或100多平方公里国土面积的水资源保有量）。例如，煤制甲醇耗水量10—15吨/吨，煤制油和煤制烯烃等项目水需求量约4000吨/小时（约1m³/s以上）。因此，除了煤炭资源蕴藏丰富外，有无水资源的保证，也是煤化工企业落地生产的前提条件。西县既有煤炭资源，又有充沛的水资源，为发展煤化工产业提供了煤源和水源的双保险，对建设伊犁煤炭煤电煤化工基地是"强有力"的支撑。西牧区在这一过程中也因煤炭和水力资源丰富，能够为煤化工产业提供足够的资源支撑，引进了一批煤化工产业。

通过对西县政府相关工作人员的访谈，我们了解到，在西县，经资源重组和联合改造后的煤矿规模，煤矿设计生产能力可达60万吨/年及以上。对于生产能力小的中小型煤矿，地方政府也积极推动其资源重组和联合改造，鼓励其在资源允许的范围内进行煤矿改造升级，扩大规模，提升装备和管理水平。在上述政策、原则、思路等的指导下，一大批煤炭整合、改扩建项目在西县轰轰烈烈地开展起来。在这一过程中，西牧区的西科煤矿45万吨改60万吨、西四煤矿9万吨改60万吨建成投产；安瑞、金角两个9万吨煤矿由西电平煤完成整合；兴豫、泰宏、鑫金、木哈四个9万吨煤矿由西部矿业完成整合。

在地方政府大力实施优势资源转换战略，强势推进工业化进程的战略规划下，西县资源开发的制度通道被打开。在国家西部大开发战略和地方政府的政策驱动下，一大批煤炭、煤电、煤化工、水电开发、有色金属开采加工企业入驻西县，并在拥有丰富的煤炭资源、水能资源、矿产资源和土地资源的西牧区落地，进行工矿水力资源开发。这大大推动了西县地方工业化进程，地方政府财政收入获得大幅提升。据相关统计资料显示，在2000—2009年，西县工业性固定资产投资累计完成124亿元，年均完成12.4亿元。2009年，西县全县地方生产总值达到31亿元，其中，工业占地方生产总值的比重由2000年的7.8%提高到52.3%，达19.7亿元。2009年，西县地方财政一般预算收入3.76亿元，较2000年增长了30.12倍。地方财政收入的80%来自工业，工业性税收占地方财政收入的比重达到80%以上。

29

第二节　工矿水力资源开发中的牧民与政府

一、土地占用与牧民权益

在当地政府政策性招商引资、发展工业化和资源开发企业进驻西县的实践中，国家的西部大开发战略异化为当地的工矿水力资源大开发、大建设，并在具体实践过程中体现出地方政府与资源开发企业"合作"、借国家政策之力，灵活变通运作的特点。

在招商引资阶段，外来资源开发企业主要与地方政府产生互动。而当这些资源开发企业在地方政府的政策驱动下进入西牧区后，与之产生互动的主体进一步拓展到资源开发地的农牧民。除了工矿水力资源以外，企业开工建设需要占据牧民的土地或草场。在民族地区，牧民的草场与资源富集区经常交叉甚至重合在一起。西牧区典型地反映了这一特征。

资源开发企业的入驻、建设、开采、加工等，都需要占用大面积的草场。对草场的占用需要由开发企业（甲方）、牧民（乙方）和草场所属村的乡政府（丙方）共同签署"土地使用协议"。这份文件也是政府办、国土资源局、畜牧局、环保局、水利局、林业局等各级政府相关部门对开发企业进行审批时不可缺少的一项内容。然而，课题组在西牧区的实地调查中发现，牧民的土地、草场资源并没有依法按照土地使用协议签署，而是在基层政府和开发企业的"合作"中，被迫将使用权转让给了资源开发企业。

通过访谈，我们可以发现，在土地使用权的转让过程中，土地使用协议上的三方在实际运作中转化为两方：一方是牧民，另一方则是基层政府和开发企业。基层政府帮助开发企业"拿到"了土地（草场）的使用协议。企业进而将其作为中央和省级政府相关部门进行资源开发审批的依据。在得知作为自身生存空间、生计来源和文化载体的草场必须被占用时，为了保障自身的权益，牧民们也提出了相应的要求。

> 我们提的要求是，土地占用不能一次性给钱了事，我们老了以后仍然要给补助。要不等我们年龄大了以后，没有草场，没有工资，就会彻底失去生活来源。其次也要给家里的人补工作，比如说，我们一

家 8 口人，给我们按照家庭人口数来确定"补贴"工作的数量。（访谈个案，XJX 20130823B）。

访谈中了解到，牧民虽然提出了各种要求，但也并没有坚持这些要求政府和企业必须完全予以满足，在一定程度上，这些要求也是牧民表达自身诉求的一种途径。然而，虽经历了与政府和企业的反复博弈，但牧民的相关诉求并未达成。

这合同上面的几项，比如说安排一个工作，给煤，修木道，供电，说的是这样子，但没有落实到位。（访谈个案，XJX 20130824A）

我们这草场是特级地，现在我们也不知道应该给我们多少钱，我们就是为难了。现在国家对我们这些老百姓的政策好得很，但是在下面落实不到位，就是这个事情。（访谈个案，XJX 20130824D）

二、地方政府的环保监察执法

西牧区资源开发企业的环境保护监察实行"谁审批，谁监管"的原则。这意味着，哪个级别的政府审批通过了开发企业的入驻和施工，则该级别政府对这些开发企业负有最主要的环境监察责任。西牧区的资源开发企业大多为州环保局审批，西县环保局只负责日常监察。但是，州环保局在实际工作中常常"无暇顾及"所辖的 9 个县（市）的众多企业。这样，县环保局的日常监察执法成为环境保护法律法规在当地落实的主要方式。

从监察执法的内容来看，环保局每次执法都需要完成三个主要文档的填写保存，三个文档分别为《现场执法检查通知》《现场监察报告》和《调查询问笔录》。这三个文件的内容其实相差无几，主要分为企业基本情况、现场监察情况、询问和回答的记录、环境保护建议等内容。其中占据主要篇幅的却是企业情况，如"企业位置""主要产品""生产天数""厂区设施""工艺"等。监察情况事实上成为对企业具体生产情况（何时投产、生产了多少吨、原矿多少吨、用煤多少吨等）的描述，以及排污费是否缴纳、厂区是否绿化等，建议常常是"及时完成竣工验收""切实履行环境保护责任""尾矿环评"等。

在三种文档中，最能体现环保监察执法内容及其相关过程的文件是《调查询问笔录》。在课题组收集到的三十多份《调查询问笔录》中，特摘

取内容最多的和最少的各一份转录如下（"●"代表"询问"，"："代表"回答"，为与原笔录保持一致，此处使用同样的符号）。

西县环境保护局调查询问笔录一

（内容最详细的一份。下文为具体的调查询问笔录内容，省略该文件的其他说明性事项。）

● 你单位何时建成、投产、日期

：（原文件此处即为空白）

● 你单位何时正式生产

：目前处于建矿阶段，一期850米斜井计划今年完工。

● 生产工艺流程

：常规机械化采煤，经井下输送、筛选、洗煤、成品。

● 你单位环评手续是否齐全，批复日期

：2006年3月12日，经自治区审批，新环评函［2006］000号。

● 你单位职工人数多少，是否有锅炉，锅炉吨位，是否有污染处理设施

：300余人，一台5吨锅炉，一年用煤量45吨煤。无除尘和脱硫设施。

● 生活垃圾和生活污水如何处理

：生活垃圾就地掩埋，生活污水经化粪池处理。

● 2006年4月15日西县环保局执法队员对你煤矿下达了《现场执法检查通知》（西环监察字［2006］-00号）文件，是否按照要求整改

：已进行整改。并以业主名义向乙方进行约谈，以书面形式通知，严格按要求进行生产经营。

从这些环保监察执法的内容中我们可以发现，环境保护的落实仅仅通过这样的执法很难达到目的。如此的"调查询问"只能使环境保护监察执法在资源开发企业中成为一种"走过场"的形式化实践。

西县环境保护局调查询问笔录二

（内容最少的一份。下文为具体的调查询问笔录内容，省略该文件的其他说明性事项。）

● 2005年何时生产，目前生产量，计划全年生产量

：2005年3月16日，63257.9吨，计划生产45万吨

用电量：181万千瓦时，用煤量：2100吨，用水量：4万立方。

以课题组调查期间经历的四次环境保护监察执法的具体情况来看，外

来人员想要进入当地的资源开发企业是非常困难的。即使是县环保局，也必须先给里面的领导打通电话，再把手机给门卫，领导和门卫确认后，才可"放行"。多数开发企业的行政级别让县环保局敬让三分。在询问过程中，"如何问问题"也是一种技巧。因为一旦感觉不对，企业安全环保科的负责人则表示"你们问领导吧"，或最后"不予签字"。环保执法人员则为了完成目标，进行解释，"这只是履行个手续""具体的事情会再协商"等。这种形式化的环保检查，一些基层执法人员也表示很无奈，"我们也明白，环保就是要为经济服务嘛"。环境保护法的实践，就这样在基层实现了例行化的共同"配合"。

第三节　资源开发与多重环境风险的不均衡分布

诚如前文所述，在西牧区的资源开发过程中，外来企业获得了收益，而当地牧民不仅没有从资源开发中受益，反而被无偿占用了草场。在接下来的资源开发实践中，多重的环境污染和环境风险被企业制造出来，然而承受这些污染的却主要是当地的普通牧民。换言之，多重环境风险带来西牧区工矿水力开发中典型的环境不公正现象。

一、资源的输出与污染的输入

资源的输出与污染的输入实质上是一种资源开发失衡的现象。也就是说，在西牧区工矿水力资源开发过程中，外来开发企业不仅获得了相关的矿产和水力资源，并且享受到政府的一系列优惠政策和适当的庇护，然而，资源开发地的农牧民不仅失去了他们的草场、土地等资源，反而要承受企业污染带来的不利影响。

政府和开发企业多方面的合作，使得西牧区的资源开发轰轰烈烈地开展起来。然而，随着大批央企、国企对当地资源的开发，这种模式下的资源开发的一系列问题也逐渐暴露出来。概括来说，以外来大型企业主导的工矿水力资源开发，并没有有效惠及资源开发地的农牧民，反而导致了当地大量的生态破坏和环境污染，出现了资源开发的失衡现象。主要体现在以下三个方面。

第一，资源开发以初级加工转化为主，产业关联度和产品附加值低。西牧区的主要工业产业是：煤焦化、水电、煤炭开采、金属矿产开采等。

33

资源开发中原材料和基础性产业所占的比重大，而且主要以水电、煤炭、矿产这些优势资源的初级加工转化为主，配套延伸产业发展严重不足，深加工和高新技术产业比重更是非常小，产业结构很不合理，没有促成当地的实质性发展，工业经济缺乏内在动力。

第二，资源开发企业多是资本密集型企业，吸纳就业的能力非常有限。进驻在西牧区的大型水电、煤炭、金属等开发企业多是资本密集型，而非劳动密集型产业。开发企业入驻后，在草原上建设了一个个独立的区域，和外面的草原形成了两个世界，更没有考虑到当地政府引进这些企业存在吸纳当地劳动力和转移就业的目的。资源开发变成了简单的资源开采和输出，产业工人的基数很小。虽然西县的工业性重点企业由 2000 年的 5 家增加至 2009 年的 61 家（规模以上企业 21 家），且第一、第二、第三产业比例由 2000 年的 51.5：15.6：32.9 调整到 2009 年的 34：50.1：15.9，但农牧业生产仍然是西县提供就业岗位最多的行业，第一产业从业人员在 2009 年的比重仍然高达 54%。除此之外，西县剩余劳动力的转移也非常缓慢，使得西县的城镇化水平远远低于全疆的平均水平。牧区工业化对城镇化的空间依托和支撑作用较差。这样，在经历了最初的欢腾后，西县的招商引资也开始调整方向，自 2008 年开始，中小企业成为主攻的招商对象。但是，此时西牧区的绝大部分资源都已经被先入驻的大企业占据，没有开发区域的资源也处于这些企业的二期三期工程或规划中，已经难以容下更多的企业再进驻西牧区。

第三，资源开发不仅无法惠及当地牧民，反而影响到牧民的传统生计，并且带来严重的污染问题。当地牧民非但没有因草场被占用获得足够的补偿，也没有从大规模的资源开发当中受益，资源开发的环境污染和环境风险反而使牧民的生计和健康受到越来越多的危害。

外来大型企业主导的工矿水力开发，导致民族地区的资源输出和污染输入这样一种资源开发失衡现象，凸显了在资源利用上外来开发主体和本地居民之间的不平等关系。以资源的输出与污染的输入为主要特征的资源开发失衡现象在西牧区出现，并且在权力和资本的保护下持续地存在，进而生产出了西牧区多重环境风险的不平等分布这一环境不公正问题。

二、多重环境风险的分布

西牧区大规模工矿水力开发产生了严重的环境污染和生态破坏问题。然而，更重要的问题在于，生活在这些草场上的牧民承担了愈加严重的环境风险。资源开发的失衡和环境风险的不均等分布使牧民陷入贫困生活和健康危险的双重困境中。在课题组的主要调研点西村，我们看到，是村民承担了资源开发所带来的大部分环境风险。

西村是牧民自发形成的一个聚居点。2004 年后，西县开始规划能源化工工业园的建设，并将园址选在了西村对面。一方面，这里靠近邻县的钢铁基地，其所生产的原料多会运往邻县。另一方面，则是该地虽然沿路，但是却靠近里面，且有一个大型的山洼，非常利于"隐蔽"。也就是说，只有翻过四周围起来的不太高的山，才能看见这些资源开发企业的"外貌"以及它们所开展的开发行为。此外，在政府的宣称中，工业园在此地的建设会给西村牧民带来就业上的优惠和生活水平的提高。2014 年，在政府定居兴牧的安排中，仍有 30 户被安排到西村。总之，西村所遭遇的环境污染首先由它的地理位置造成的。西村与西县工业园仅有一路之隔（该路也是省道，南北方向，是通往邻县的 800 万吨钢铁基地的唯一一条省道。为与西牧区的另一条东西方向的省道——西省道——相区别，将此省道命名为工业园省道）。正是这条省道以及和西县工业园如此靠近的位置使西村常年弥漫在灰尘与污染中。

西县的工业园规划面积为 462 公顷（已建成面积 255 公顷）。园区以煤焦化、煤电、硅冶炼为主导产业。其中，按照西县的规划，西县工业园前期重点计划为 300 万吨焦化、60 万千瓦矸石发电、20 万吨煤焦油深加工、2 万吨金属硅及 3 万吨多晶硅后续延伸产业等。截至 2010 年，西县工业园已入驻大型企业 5 家，包括西瑞焦化有限公司（产能 90 万吨焦化、配套 10.1 万千瓦综合利用发电，设计年均产值 15.16 亿元，利税 1.5 亿元）、西伊煤化工有限公司（规划产能 95 万吨焦化，已建成 50 万吨，配套 5 万千瓦综合利用发电，设计年均产值 15.84 亿元，利税 1.56 亿元，实际产值 2.7 亿元，利税 2665 万元）、西投能源开发有限公司（规划 90 万吨焦化及 10 万千瓦甲醇项目，投资建设计划尚未落实）、西鑫矿业有限公司（规划 8 万吨金属硅项目，已建成 2 万吨，达产后年均产值 2.2 亿元，利税 3740 万元，实际产值 4579 万元，利税 778.4 万元）、西县工业园区建设有限公

司（负责运营 6 万立方米/日供水工程）。同时，拟入驻江苏国邦集团有限公司（初步确定选址方案），园区累计完成投资近 28 亿元，其中基础设施建设投资 2.8 亿元。2010 年底，园区累计实现产值近 30 亿元。

在西县环保局对工业园的监察中，经常发生"未经环评审批""未按规定申请环保'三同时'验收、长期以试生产名义排污""整改后仍不达标""屡查屡犯、偷排偷放、超标排放和故意不运行环保设施""违法成本低、守法成本高"等问题。直到 2013 年，西牧区进入旅游开发为主的开发阶段后，国家环境保护部西北督察中心的环保监察执法才真正起到效果（关于西牧区旅游开发的相关内容，将在下篇予以具体介绍）。在西牧区大规模的工矿水力开发阶段，西村遭受了严重的环境风险，西村的牧民就这样生活在资源开发所带来的多重环境风险之中。

（一）废气的集中飘散地

西村位于西县工业园的东面，工业园正好在一个四周有山围成的地势较低的区域中。由于风向的原因，西村成为工业园中排出来的废气的集中飘散地。在污染严重的时候，西村牧民从来不敢打开窗户，也不敢在外面晾晒衣服。

> 是这样的，厂子污染大得很。这个地方 3 月 15 日才化雪呢，冬天下的雪很厚呢，一米深，它化雪很不一样，雪水黑黑的（访谈个案，YEKHL20130814）。

> 烟囱里冒出来的烟黑黑的，污染严重。现在白天冒烟的不多，晚上、下雨、下雪的时候多。烟一出来，黑黑的，都飘到这儿了（访谈个案，XJX 20130814F）。

> 那么多灰嘛，这个地方的人洗衣服晾不了。还有，鼻炎今年开始多得很。天气好的时候，门窗都得关上（访谈个案，XJX 20130814A）。

> 这儿的人炎症挺多的，有的人肺都有问题。厂子都把灰尘倒在路上，他们说过一个月，就给我们修路。去年说的，到今年还没有修。几天没下雨，这儿就像起大雾一样，人都看不清，污染特别严重。从工厂出来的大卡车特别多，白天、晚上走的都挺多的。而且我们村就

在路边，晚上睡觉，车的声音，咚咚咚，特别吵（访谈个案，XJX 20140815C）。

就这样，西村成为工业园所排放的废气的集中飘散地，在很长一段时间里，西村牧民就在这样的废气笼罩下生活。

（二）灰尘铺成的路

在西村和工业园之间铺设的工业园省道，成了灰尘铺成的路。这条路上经常行驶大卡车，卡车过去的时候，飞扬的灰尘使得路两边的人根本看不到对方。这条路也成为西村牧民谈论和希望立即整改的焦点。

走的车挺多的，路上全是灰尘。骑摩托车过来，倒了直接就能倒在灰尘里面。污染特别厉害，工厂里面放的烟特别多，一放这里都是臭的。冬天的时候我们这儿的雪特别大嘛，雪都是黑黑的（访谈个案，XJX20130813A）。

路上全是灰尘，必须戴上眼镜、帽子、口罩，外面再穿一层衣服。骑摩托车过来，直接就能摔倒在灰尘里面（访谈个案，XJX20130815D）。

都在讨论厂子的污染，人、动物都受影响，还有这个路灰又大。这条路是黄土地，一边是工厂，另一边就是定居点。你们也看到了，厂子运矿的卡车、村民出入都得走这条路，尘土飞扬，路过的人、车、牛羊都披上了一层黄土（访谈个案，XJX 20130815C）。

在调查中我们发现，这条工业园省道，是众多司机不敢走的路。灰特别大，而且对车的损害特别厉害。西村的牧民出门都是穿两套衣服，有一套专门的衣服是在这段路上穿的。每次进屋前，都先脱掉外面的那套衣服，简单打扫一下自己，再进入屋中。

（三）转移的水源

在工业园建设之前，西村的水源主要为村口边的泉水。工业园建设后，尤其是几个大型资源开发企业进驻之后，泉水的上游被企业截流后供给到工厂，牧民和牲畜饮水面临困难。

原来这个地方是绿色的草原。我们的水源地在路口那边，那里有泉水，别的地方没有。后来厂子来了以后，就把水给堵掉了，自己用了。架了一些管子。我们的羊、牛只能喝这些管子排出来的水（访谈个案，XJX20130817）。

水源被企业截留后，牧民须每天骑着摩托车，用塑料桶去外面接水。2014年课题组再去西村调查时，发现村里向每户牧民收取了3000多元的费用，挖了一条长长的地下水道，打算从远处的山上引水过来。总之，工业园不仅占用了牧民原先的水源，而且排放出来的污水损害了他们的草原，同时使他们的牲畜处于危险之中。

（四）处于污染中的牲畜

西村牧民的牲畜受到了工业园带来的污染的极大影响。

现在草都干干的，秃了。但是这里一直就是我们的草场，我们没别的地方可以放牧。我们从出生就在这里了（访谈个案，XJX20130814A）。

以前，这工厂没有，这个地方好得很。现在我们这里的牛羊越来越少了（访谈个案，XJX20130818D）。

草越来越少了。这个，就是厂子的影响。风吹过的地方，更是一点不长草了，现在这个地方都养不了牛羊了（访谈个案，XJX20130816C）。

还有冬天下雪的时候，山高雪厚，牛羊在山上吃草，他们不是在地下炸吗，爆炸了以后，山上的雪受震动，整个滑下来，把牛羊都压死了，也没有赔偿，影响大得很。然后整个山，下雨的时候，慢慢裂开，滑坡厉害。我们经常会损失很多牛羊的（访谈个案，XJX20130814B）。

牧民的牲畜同样生活在这样一种备受污染的环境中，牲畜时常会得一些奇怪的病症。课题组的调查发现，因为西村周围已经没有长得好的草可供食用，牲畜经常费力钻进工业园的厂区中，去啃食那些人工绿化的草。

（五）危险的职业

虽然政府和企业宣称可以通过企业招工形式帮助牧民转产转业，然而，实际上，西村的村民只有少数人在西县工业园中工作。

少数几个在工业园企业中工作的西村人，干的大多是砸石头、烧炉等体力活，不仅工资低，且具有一定的危险性。职业是环境公正关注的一个重要变量。在工业园工作的西村牧民，通常从事的是具有强烈环境危害的工作，而这样一种工作对人体的健康是极其有害的。

（六）"问题"定居房

不合格的定居房，是西村的又一重环境风险。在 2014 年定居下来的 30 户牧民的房子中，有不少家庭的房屋已经处于半倒塌状态，很多房顶被掀开了一半。当然，定居房的问题并非由于资源开发企业直接导致，但是，正是企业入驻时的宣称和工业园建设时的解决就业的承诺才使牧民定居在此地。

"现在这个房子不结实，这个房子水泥干干的，房子质量不好"。这是课题组在西村调查时，很多牧民会说的话。2014 年课题组再次去西村调查时，正巧遇到了西村房子的建筑工人，他谈到了建造房子的事情。

前一年六月份安的门，你看这，噼里啪啦，全掉下来了。还不到一年，一刮风，全坏了，后来就烂了。我们这个地方太偏远。有的 7 月初装的门，还不到冬天，雪还没下，就掉完了（访谈个案，XJX20140811F）。

这个钢管（屋顶上架的管子）的国标是 1.5，但是，你看这个，它这个用的是 4×4，0.8 的厚度（访谈个案，XJX20140812B）。

因为房屋质量问题，定居下来的牧民还得自己再掏钱来装修，加固这些房子。

第四节　牧民的环境抗争

身处多重环境风险之中的西村牧民从工业园省道的污染出发，用他们原始的、自发的方式进行了一次又一次以堵路为主要方式的环境抗争。之所以选择堵路这样一种形式，是村民基于"路"对资源开发企业的重要性的判断。

39

　　西县工业园的煤矿、铁矿等进行粗加工后都会运往邻县的大型钢铁基地，而这条运输的关键道路，成为西村牧民谋求利益诉求的筹码，堵路也主要在这条路上进行。这条路每天来往的卡车很多，其中不少是超载的重型卡车。根据西县的工业化发展报告、"十一五"工业化发展规划和相关统计等，可以对这条路承载的巨大运输量有一个直观的认识。

表2-1　西县工业园园区运输量（单位：万吨）

项目	2006—2010 年运量				2011—2015 年运量			
	规模	运进	运出	小计	新增规模	运进	运出	小计
煤焦化	280万吨/年	550	350	900	200万吨/年	400	250	650
矸石电厂	2×300MW	540	220	760	2×300MW	500	220	720
新型墙材砖	2亿标块/年	240	240	480	2亿标块/年	240	240	480
合计		1330	810	2140		1140	710	1850

　　注：此表根据西县工业化发展报告、西县新型工业化"十一五"发展规划等政策文本制作。

　　在这条运输量巨大的省道背后，一个不争的事实则是其严重的环境问题。随着西县轰轰烈烈的工业化运动，这条工业运输干线省道成为一条灰尘铺成的黄土路，整日尘土飞扬。牧民出入时都是穿两套衣服，捂得严严实实。工业园的污染尤其是废气的排放非常严重，且经常在夜间大量排放。由于风向原因，西村成为废气集中的飘散地。

　　2009年村里一位年轻妇女的去世，成为牧民堵路的导火索。

　　2009年6月的时候，村口有户毡房里一个女的突然去世。她当时是挤完牛奶后，回来说是头疼，然后就去世了。他们家的人也不知道怎么回事。但她之前是好好的，也挺年轻的……大家都说是因为牛喝了厂子里排出来的水的原因……后来办葬礼，很多人都去了。当时人特别多，连续三四天都在那里。大家就开始商量，认为这儿灰太大，污染环境太厉害，人都死了，不能不管了。把那个妇女埋了以后，回来就去堵路了（访谈个案，XJX20130815C）。

　　在这次堵路行动中，西村共有60多个牧民参与了行动。堵路从早上十点左右开始，持续了六七个小时。牧民将摩托车停在黄土路上，站在路中间，老人和小孩站在人群里面。

　　堵路的时候，牧民一再地强调了自己的要求，要求把厂子里面污染环境的二氧化硫什么的，不让它冒烟了。还有那些脏水，不让它流了。然后把这条路，弄干净（访谈个案，XJX20130816C）。

在环保局访谈时，相关工作人员说到："那个村子就是个路的问题，我们去那一次，回来就必须得洗一次车……那个路没在省里面的规划中，我们县上也没办法"。也就是说，在县环保局看来，西村的路没有纳入自治区政府的规划中，因此，无法获得修路的资金，也难以采取相应的治理行动。西县环保局 2013 年的环境保护工作报告也再次记载了西村路的事情。

由于过往大车不断碾压，加上年久失修（该线路的改造维修我县已积极申报争取国家项目），路面损坏严重。尽管我县多次责令企业对其进行养护、洒水和除尘等，但至今未解决根本问题，道路仍难以畅行，尤其是车辆通过时扬尘严重影响了路边居民出行及园区企业职工正常生产生活。

　　除了这条污染严重的路之外，工矿水力开发的大规模建设也使得西牧区一些道路改道。因道路改道路况不熟，经常发生交通事故。其实，诸如此类的事情，在当地政府看来，已经通过危害牧民的利益直接或间接影响到了他们的政治利益，因此也一直想找企业协商解决办法。在西县水利局，我们了解到，西河的水电开发使下游的灌溉和下游牧民日常熟知的河水涨落知识受到严重影响，西河水利局连同西县政府的工作人员多次找到相关企业，让其给下游牧民一定的补偿，并提出在泄洪和水电调试的时候提前通知等要求。但是，这些大型的外来企业一般都带有行政级别，加之开发早已被垄断，因此企业对这些事情态度漠然。问题仍旧在西牧区重复发生，但解决之路漫漫无期。

　　通过在西村对牧民的实地调查，课题组发现，牧民以堵路为主要形式的抗争行为具有多重目标，对于这些目标的满足也存在一定的先后性。首先，牧民堵路的首要诉求在于"赔钱"。

　　现在牧民也不知道应该赔偿给多少钱，就按他们的，他们给多

少，牧民就要多少。多一点就多一点，少一点就少一点这样子（访谈个案，XJX20130820D）。

我们不清楚钱到底是怎么给的。他的84亩地，给了1万7千块钱。他的180亩地，给了3万9千块钱。他的100亩地，给了2万2千块钱。他的160亩地，给了3万3千块钱（访谈个案，XJX20130820B）。

课题组在西村调查期间，组织了数次焦点小组访谈，在这一过程中，课题组原定的以"企业对西村环境污染"为主题的谈话不断被插进来的"钱"的问题打断。虽然牧民并不是很不清楚自己应获得多少钱，但却都提出经济补偿的诉求。对于大部分牧民而言，只要能把占据草场的钱赔给他们，他们就能够获得很大的满足。其次，除了经济补偿外，牧民堵路行动的另外一个诉求则是"把路修好"。而至于为什么要把路修好，在原因上也存在先后顺序。首先，在牧民看来，只有路修好了，他们的出行、生活才能方便。其次，是因为路上的灰太大了。最后才是"别冒烟"。

通过上述事实呈现，我们可以发现，牧民的"环境抗争"在实际中渐渐演化成为一种"生存—谋利型抗争"。也就是说，西村的抗争确实是在环境问题影响到他们的生存时才出现的，是生存逻辑取向的抗争；同时在实际中发展为更多的"仅仅获得金钱"的谋利型抗争，"拿到钱"的目的越来越多地超过了改变多重的环境风险。值得注意的是，牧民的这种"生存—谋利型抗争"是困顿的、被动的，并非源于非常主动的经济利益诉求，而是一种基于生存的理性，是生存基础上的谋利，谋利基础上的抗争。

由于环境权利的制度化表达空间和渠道缺乏，加之牧民本身的组织化程度低、信息获取能力和表达能力等不够，西村牧民的环境抗争陷入"堵路"的重复中。

此外，西村牧民的"堵路"还体现了一种生存基础上的带有谋利倾向的抗争方式，具有"生存为本、谋利取向、安全、适应"等特点。进一步，西村牧民的环境抗争的形式、诉求均体现了"资源开发"这样一种外在的社会行动在深层次上对传统游牧社区的市场化扰动和进一步塑造。西牧区的工矿水力开发企业虽然由政府引入，但在实践过程中却作为一种市场的力量在当地发挥作用。换言之，与资源开发企业共同进驻西牧区的还有市场力量。可以看到，尽管西村的牧民也会团结起来进行堵路等环境抗争，但是社会在市场这股强大的力量面前几乎是不堪一击的。不断扩张的市场与自我调节的社会之间并没有出现如波兰尼所言的"双向运动"，即使是西村不断重复的以堵路为主要形式的环境抗争，也是在一种不对等的状况下展开的。在一定程度上，这也是当地陷入重复堵路，但问题却得不到解决的一个原因。

第五节 总结与讨论

从新疆西牧区工矿水力资源开发的案例中可以看到，西牧区的工矿水力资源开发是在中央政府以及新疆维吾尔自治区各级地方政府的政策驱动下展开的。综合来看，这样一种政策驱动的资源开发模式带有以下特点：第一，资源开发有政策的实际优惠支持，这使得开发企业从引进、进驻、建设、施工、审批、投产等各方面、各阶段都相对迅速也畅通。第二，在资源开发过程中，地方政府充分利用了国家、自治区的一系列政策和项目，且积极推动各种未处理和暂时不知如何处理的项目往资源开发上捆绑。在地方政府的运作中，国家层面上的最初以基础设施建设和生态环境保护为重点的西部大开发政策在实践中被操作为单纯的资源大开发。

在西牧区接下来的资源开发实践中，资源开发完全被外来大企业为代表的资本所主导，外来企业获得巨额经济利润，当地政府获得远高于以往的税收和招商引资"政绩"，而普通牧民却成为工矿水力开发所带来的环境污染的承受者。定居点与工业园的毗邻、废气的集中飘散地、灰尘铺成的"路"、转移的水源、"问题"定居房、处于污染中的牲畜、危险的职业等多重环境风险在西牧区被生产出来，牧民生计、生活受到了环境风险的严重危害。

面对资源开发失衡以及多重环境风险的威胁，西牧区牧民展开以堵路为主要形式的环境抗争。尽管一些牧民在抗争的诉求上以"赔钱"而不是"解决污染"为首要导向，但牧民的抗争仍然是以生存为导向的。牧民的"谋利"取向虽然受到了资源开发企业入驻所带来的"市场"因素的影响，但这带有谋利性质的抗争仍然是牧民在生存受到巨大威胁的情况下做出的选择。这也使我们更深一步地感受到了资源开发作为一种结构性力量对资源开发地社会的形塑作用。

综上，在"全国一盘棋"和 GDP 考核为主的政治体制结构中，以资

43

源开发为主要内容的招商引资成为地方政府的头等大事。地方政府和外来企业主导的工矿水力开发，使得"资源开发"渐渐成为形塑民族地区生态、政治、经济、文化、社会等方面的一种基础的结构性力量，共同塑造了民族地区资源开发中的环境与社会风险。而从西牧区牧民所承受的多重环境风险来看，包括日常生活、空气、饮水、出行、居住、牲畜、职业等在内的各方面都受到了环境污染的侵害。可见资源开发这一股力量一旦失衡，对于传统基层社会的生态系统所造成的影响将是整体性的。这给我们的启示是，资源开发并不是一种单纯的资源开采和加工输出行为，因此需要充分注意其与当地生态系统和社会系统的整体性协调。如果一旦因开发失序造成当地的环境与社会问题，那么，无论是资源开发的可持续性，还是当地的生态、生计和社区的可持续发展，都会面临严重的威胁。

执笔人：包智明　郭鹏飞　石腾飞

第三章　民族地区土地开发中的
"三牧问题"

——新疆青山县案例

　　青山县位于新疆维吾尔自治区阿尔泰山地区东部，依托连绵起伏的阿尔泰山，贯穿古尔班通古特沙漠，至准噶尔盆地北端。行政区划面积约 3.4 万平方千米，习惯牧放面积 5.4 万平方千米。青山县地形复杂多山，乌伦古河行至境内黑山后，河面骤然宽广，河水流速减缓。这一地理条件为青山县早期土地开发带来了障碍，也使得水利条件改善后土地开发规模骤然增大。中华人民共和国成立以后，政府鼓励汉族移民迁入青山县，通过土地资源开发，发展农业生产，逐步改变了牧区土地利用格局和经济发展方式，对青山县的牧区、牧业与牧民带来不同形式与不同程度的影响。

　　青山县的土地资源开发是国家力量与市场力量逐步深入牧区的过程，体现出通过土地资源开发实现治理的双重目的。这种通过开发实现治理的方式一方面推动了牧区经济社会发展，另一方面也带来了农牧业与农牧民之间的矛盾和问题。在青山县，土地的大规模开发与农耕区域的扩张导致牧业发展受到限制，牧民草场压缩、农牧之间水资源、秸秆资源争夺等问题频繁发生。同时，牧民与草场的关系也发生了改变，在市场力量刺激之下，牧民对草场进行掠夺式利用，春秋草场上也开始出现牧民的定居点和饲草料基地，牧业可持续发展面临危机。不仅如此，大规模土地开发伴随市场化力量的侵入导致牧民传统互惠合作的游牧文化也在发生着变革。例如，在代牧、草料购买、草场租赁等方面，牧民越来越倾向于以市场价格来衡量。牧区人、草、畜矛盾进一步加剧，对草场资源的过度利用问题也随之发生，牧区可持续发展面临困境。

第一节　土地开发与牧区问题

一、早期的土地零星开发

　　新疆地区的土地开发已经持续了数百年。从历史的过程看，游牧民从事种植业、生产一定的农作物，这是自然的现象，是游牧民适应自然条件的过程。在青山县的冬牧场，春季融化的雪水沿着山坡流下，为牧民从事零散的小规模种植业提供了水资源。牧民趁此机会播种下小米与麦子，随后转场，远赴夏季牧场，并于秋季返回收获。这样一种农牧兼营的生计方式在中华人民共和国成立以前，广泛存在于青山县游牧民群体当中。在青山县哈萨克族游牧民中流传的歌曲也证明了这样的观点："麦田一片碧如海，有谁看了不开怀。凉爽风儿阵阵吹，高高麦穗连连摆……忙着收割塔尔米，塔尔米是个好东西。"[①] 可见，除了游牧业，种植业也是哈萨克游牧民的辅助性产业。

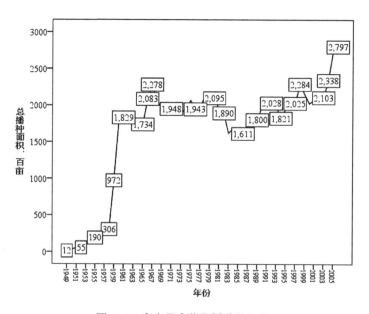

图 3-1　青山县农作物播种总面积

---

　　① 哈尔曼·阿克提：《游牧之歌》，王为一整理，北京：作家出版社，1957 年，第 8—10 页。

中华人民共和国成立后，因汉族人口大规模地迁入，青山县种植业规模日益扩大。相关数据显示，1949 年，青山县农作物总播种面积共 1200 亩。1954 年，农作物总播种面积增长到 14700 亩。"农业学大寨"的号召发出后，如何在牧区发展种植业，增加粮食产量，成为青山县发展遇到的重要难题。此后，农作物播种面积突破十万亩的大关。

课题组在青山县主要的调研点木乡位于古尔班通古特沙漠北缘，主要地表径流乌伦古河在木乡境内河道较窄，水流湍急，河流两侧的黑山很陡峭，而且距离很近。早期的木乡只能在河滩两旁进行土地开发，而这里的土地盐碱化很严重。在经过多年的种植试验后，木乡农民逐渐总结出以水稀释、挖排碱渠的办法。此后，随着人口增多，耕地面积逐渐增多。这一时期的土地开发模式可以分为两种：零星开发和规模开发。木乡建制成立时，中苏关系处于亲密时期，边区的资源开发并未为国家所重视。这一时期，土地属于集体所有，耕种土地收获的粮食都由集体统一分配，人们开发土地的积极性不大，因而土地资源开发以零星开发为主。这类零星开发的土地规模小，通常由各生产小队根据人口情况安排，事后报告乡政府相关部门即可。

20 世纪 50—60 年代，在国家"以粮为纲""备战、备荒、为人民"等口号的影响下，广大牧区积极学习大寨经验，土地规模开发就此发生。木乡所在的区域为边区，其北面直接与蒙古国接壤，居民的民族成分以哈萨克族为主。一份档案文件显示，1971 年，木乡党委向青山县提出开发 4000 亩土地，随后获批 2000 亩。[①]

1962 年，木乡农作物播种面积为 1700 亩，到 1970 年，农作物播种面积上升到 7000 亩，1985 年，农作物播种面积达到 7700 亩。木乡逐渐发展成为一个以畜牧业为主，兼营种植业的乡。2001 年，木乡农作物播种面积高达 12500 亩，使得木乡成为一个以牧为主、农牧结合的乡。[②]

二、当前的土地规模开发

在青山县木乡，西部大开发实施后的土地开发模式可以分为零星开发和规模开发。2000 年前，零星开发是木乡土地资源开发的主要形式。起

---

① 资料来源：《关于对第 QS33 牧场要求开荒扩大耕地面积报告的批复》。
② 资料来源：《木乡 1962—2006 年农作物播种面积》。

初，零星开发主要由各生产队来实施，由于实行了家庭联产承包责任制，人们开发土地的积极性大增。到 2000 年前后，木乡境内乌伦古河两旁的河滩地基本被开发完毕。

> 1976 年，我刚 20 岁的时候，随姐姐来到此地……政府分给 200 多亩地，因为当时地太少，粮食不够，每年要吃半年返销粮。我感觉作为种地的人，还要吃国家的粮食，太丢脸了，就鼓励村民开垦荒地。但是，河坝边的土地盐碱化严重，而且当时没有机械化，全靠手工排盐碱和开挖灌溉渠。冬天地面冻土 1 米多，实在没办法开挖，就用硝酸铵造炸药。挖一个洞，把炸药放里面炸，炸开了就好挖一点。冬天零下三四十度都要干活。穿个单筒，戴个棉手套，手脚冻得难受，背上身上还在淌汗，热得难受，那个日子不好过啊！一直搞到 1990 年前后，才开始有挖掘机了。那时候开垦的地不多，整个生产队到 2006 年只有 300 亩，因为一是没地方可以开，二是没法开（访谈个案，XJQ20130819C）。

2000 年后，木乡的土地资源开发形式以规模开发为主，零星开发为辅。规模开发主要由国家主导，根据开发的时间，可以将规模开发分为三种类型：开发型承包、承包型开发、招商型开发。开发型承包是指以土地承包为目标，开发为手段。这一形式发生在 2003 年。2003 年底，木乡在会议上通知各村干部：2004 年起将在南戈壁开发土地，各村要积极宣传，鼓励农民开发土地。随后，QS3306 村向乡政府提交报告，请示开发土地3000 亩。[①] 2004 年 6 月，木乡发布《关于开发土地的通知》，同意 QS3306村开发土地的请示。全文如下：

木乡关于开发土地的通知

全乡各村：为了满足全乡广大农牧民经济发展的需求，进一步解决人多地少的矛盾，现我乡根据县文件精神，本着谁开发、谁投资、谁受益的原则，同意你村开发恰不拉平台土地，作为村集体土地。开发条件如下：

1. 根据开发所需费用自己投资、自己开发、统一规划；

---

① 资料来源：《木乡 QS3306 村申请开发土地的报告》。

2. 所开发土地使用期限为两轮土地承包期限（即 2028 年）；

3. 所开土地必须种植，否则乡政府收回土地使用权；

4. 前三年免交农业税，水费收交等按县上文件规定；

5. 村民牧户可开发 200 亩以内土地，即开发后自己不种不能转让给老板种植。

2004 年 6 月 1 日

在这份通知中，乡政府既同意了 QS3306 村开发土地的请示，又通知全乡各村仿效 QS3306 村开发土地。然而，由于开发土地的费用高，从土地中获得的收益相对较低，这一通知并未得到其他村的重视，甚至提出申请开发土地的 QS3306 村也未重视。在获得批准后，该村村委会积极宣传，随后一共 18 户村民报名并缴纳预付金。该村委会与开发商达成协议，由开发商负责完成土地开垦、平整、水利设施建设等工作，村民按照每亩地 330 元的价格购买。然而，土地开发尚未完成，其中 11 户村民要求退还预付款。2005 年土地开发完成后，仅 7 户农民购买 900 亩土地，其余 600 亩开发地无人认购，开发商垫付了资金，只有自己耕种。2006 年，开发商降低价格，以每亩 300 元的价格出售，随后，5 户农民购买了其余 600 亩土地。此后，乡政府改变方法，开始承包型开发。

承包型开发是指以开发为目的，承包为手段。从 2006 年起，乡政府与一些外来开发商签订合同，委托开发商开发土地。所有开发地的所有权归乡政府所有，其中 6 成土地的使用权归开发商，不需要支付承包费用，使用期限通常至第二轮承包期限为止（2028 年）；另外 4 成土地的使用权归乡政府，但在同等条件下应该优先承包给该开发商，承包费用通常在 100 元/亩以内。[①] 通过承包型开发，木乡耕地规模猛增，从 QS3315 平台到 QS3310 的土地基本被开发完毕。由于开发商承包的土地过多，从 2005—2008 年，许多开发商无法支付承包费用。据统计，这三年时间，所有开发商拖欠的承包费用累计达 100 余万元。2014 年，一位熟悉木乡和 QS31 乡的朋友说：木乡说有 5 万亩地，其实有 15 万亩地；我们 QS31 乡说有 10 万

49

① 资料来源：《木乡土地承包合同》。

亩地，其实不下 30 万亩。由此可见这一时期开发地的规模之大。①

招商型开发是以开发为目的，以招商引资为手段。这一开发模式主要发生于 2008 年后。2008 年，新疆维吾尔自治区和青山县政府提出禁止各乡镇开发土地，2012 年，新疆维吾尔自治区再次发文，禁止私自开发土地。这种情形下，承包型开发和开发型承包都无从实施。但是，招商引资则不受这一规定的限制，因而各地普遍采取这一办法开发土地。2011 年，木乡引资成立了新疆青山县某农业有限公司，公司位于青山县木乡阿魏谷水库，距乡政府驻地 10 公里，计划投资 5000 万元，规划建设饲草料基地 10000 亩，水库周边绿化 6500 亩，水产养殖 15000 亩，特色种禽养殖 60000 羽，同时发展生态旅游产业。2013 年调研期间，一位负责管道安装的工人告诉笔者，连同 QS31 乡的开发地，阿魏谷水库周边的开发地大约有 13 万亩。2013 年底，近 5 个自然村的村民认为阿魏谷水库是其村集体草场。2014 年调研期间，阿魏谷一片萧条，所有开发地都停止了种植，原来的土地上寸草不生。

三、土地开发中的牧区问题

早期的牧区虽然不是孤立的区域，但因与农耕区域有着显著不同的地理、气候、人文环境，使其相对独立。构成游牧生产制度的游牧组织使早期牧区的游牧部落联系起来，游牧技术使其得以维持人口、草原和牲畜的动态平衡，游牧文化使牧民寻求与周围环境之间的和谐，保障了游牧组织、游牧技术的正常运行。从这一角度来说，阿尔泰牧区是一个以游牧生产制度为基础构成的实体。

自清代以来，阿尔泰牧区面临着重重的分割。清政府在土地资源开发中不仅未考虑牧区的自然资源与环境条件，而且忽视了绿洲区域与游牧区域的紧密联系，客观上破坏了牧区的整体环境，使牧区人口、草场、牲畜之间的矛盾加剧。而在其治理过程中，清政府将盟旗制度推广到阿尔泰牧区，将阿尔泰牧区逐步拆分为细小的部分，致使其无力抵御俄国移民开发的步伐。在强大的国家机器面前，严格的旗地制度很大程度上消解了部落之间对草场的争夺，使牧区之间通过高层次的游牧组织解决草场纠纷的机

---

① 据《青山县志》第 160 页介绍，峡谷水库和阿魏谷水库规划总蓄水量 2.5 亿立方米，建成后可开发两岸耕地 2 万—3.33 万公顷。

制由前现代国家政权所取代。在沙皇俄国的扩张中，俄国政府推动的移民开发，逐渐侵占了阿尔泰草原的大片区域，使阿尔泰牧区割裂，分别属于不同的国家。由于沙皇俄国一味地以占据牧区、开发资源为目标，致使当地牧民向阿尔泰、塔城、伊犁等地迁徙，加剧了整个区域的人草畜矛盾。待蒙古国寻求独立及俄国革命爆发，战火波及阿尔泰牧区，使民国时期的阿尔泰牧区出现了持久的社会动荡。可以说，清代至民国时期的历史，是阿尔泰牧区不断被分割，牧民被迫迁徙，牧区呈现混乱状态的历史。

中华人民共和国成立以后，国家将传统游牧组织、游牧技术视为问题，于是对牧区游牧组织进行改造，逐步以县、区、乡镇、生产队代替游牧社会传统游牧社会组织，以集体经济替代牧主经济，国家也开始与每一位牧民发生直接联系。与此同时，国家迁移汉族移民来到阿尔泰牧区，并积极发展农业生产，逐步使传统游牧区域转变成以农业为主、农牧结合的地区。国家力量在这一过程中扎根于牧区，国家行政机构也深入牧区。这虽然结束了牧区长期以来的混乱状态，却给牧业、牧民的发展带来了新的问题，并影响到牧区的可持续发展。

回顾国家力量逐步深入阿尔泰牧区的过程，可以发现，土地资源开发在其中发挥了重要的作用。早期的牧区主要通过畜牧业获取生存和发展所需的资源，并通过对外贸易等形式与农耕区域交换资源。由于获取资源的方式、生活方式及气候、地理环境与农耕区域存在明显的差别，牧区与农区之间界限分明，并展现出持久的贸易、偶尔爆发的战争等形式的互动。到了清代，国家在扩张中特别注重土地资源开发，注重利用移民发展农耕，占据了与牧区紧密相连的绿洲区域，并逐步占据了牧区广大的宜耕区域，驱逐了牧业生产活动。中华人民共和国成立后，国家既注重改变游牧生产方式赖以生存的经济基础，改革游牧生产制度中的游牧组织，又持续采取移民开发的方式发展种植业，扩大种植业规模。通过这些措施，国家开始管理牧业生产和控制牧业生产过程，并与每一位牧民发生联系。国家力量深入牧区的过程，也是单纯牧业生产的方式过渡到其他形式的土地资源开发的转变过程。从这一角度来看，土地资源开发是国家力量深入牧区的重要媒介。

此外，从早期草原部落到现代国家，其土地资源开发背后所体现的发展理念互不相同。前现代国家在发展中片面追求区域的扩大，追求占据更宽广的土地、草场。为了实现有效的统治，就采取开发的措施。俄国推动

的移民开发，以及清政府在新疆推行的移民实边、驻军屯垦，都是以开发为手段，实现资源开发与有效统治的双重目的。然而，它们都忽视了阿尔泰牧区的资源禀赋、环境状况、人文条件，加上其简单粗暴的管理措施，造成牧区被分割为不同的区域，牧区同一民族的居民被分离在不同的区域，牧区的牧业面临重新调整的境地。而新中国在治理中侧重于通过土地资源开发的形式，引导牧区经济发展，通过良好的经济发展态势实现良好的社会治理。

中华人民共和国成立初期，基层政府通过计划经济管理体制，使牧区得以延续二十余年的发展与进步。改革开放直至西部大开发实施后，国家力量不断深入牧区，取代了传统游牧社会组织，将牧民命运与基层政府组织联系起来。然而由于忽视了农牧差别，土地规模开发与牧民游牧生计难以兼容，牧民生计转型遭遇适应性难题。

土地规模开发在增加农牧民收入的同时，也带来了收入差距问题。基于对土地资源的竞争性使用引发的上访事件越来越多。以 QS3306 村的上访活动、主要诉求及解决办法为例，其主要目的就是要求开发土地。其发生过程、诉求及解决办法如下：

【上访事件】2012 年 4 月 8 日，在没有任何手续的情况下，该村 40 户村民每户集资 1000 元计划将该村 1500 亩地附近的荒地进行开发。乡党委、政府接到举报后及时予以制止，并迅速通知县国土资源局、国土资源执法大队、草原监理所调查此事。4 月 9 日上午，国土资源局、国土资源执法大队、草原监理部门在乌河沿线调查擅自开发土地事宜，乡里及时向调查组汇报相关情况，和相关部门共同到该村了解情况，并向村民解释土地开发必须要有合法的手续，不得私自违法开发国有土地。村民仍坚持开发此片土地。4 月 12 日，县委常委和科技副县长带领国土、草原、水利、林业、农业等相关单位组成的调查组到乌伦古河沿线调查土地开发事宜。2012 年 4 月 16 日凌晨 3 点左右，该村 32 户 33 人包一辆快客连夜赶到阿尔泰山行署集体上访。

【主要诉求】河谷原有的 780 亩地，现在因盐碱化，只有 130 余亩地可以耕种，部分土地农机具无法进去修整。开挖防渗渠不能根本解决问题，这也是全乡河谷地带土地的共性问题。部分村民要求开发

QS3315 平台土地 4000 亩。

【解决办法】由村委会组织群众依法开发 QS3306 村以南 800 亩土地，以现有二轮土地承包中已盐碱退化耕地为基数进行置换，按照标准化农田要求配套建设道路、林带，具体位置以水利、国土部门实地设计勘测为准，乡政府负责委托相关部门做好设计规划，供水、供电基础设施投入由乡政府协调解决。违规开发的 1200 亩地交村委会管理。

现 QS3315 平台已开发、种植土地的农户不再参与新开发 800 亩土地和以前违规开发的 1200 亩地的分配。土地分配方案由 QS3306 村村民大会决定。土地开发于 2012 年 11 月底前完成，由 QS3306 村委会制定具体方案，自行组织分配，并上报乡政府办理相关手续。违规开发的 1200 亩地 2012 年弃荒。①

总之，土地开发改变了牧区原来的面貌，一方面改变了游牧文化赖以生存的物质基础，使游牧文化面临消失的压力增大。另一方面，国家力量深入后，基层政府取代了传统游牧社会组织，使牧民与基层政府紧密联系起来。

第二节　土地开发与牧业问题

一、农耕区域的扩张与草场压缩

从时间上看，牧业空间压缩最早发生于 1967 年。在这一年，木乡兴建了一座土石混合的拦河坝，坝高 10 米，长 156 米，两侧分别建有引水渠。大坝建成后，533 公顷耕地草场受益。1973 年，木乡加高了大坝，使 960 公顷耕地草场受益。② 到 2002 年，木乡农作物播种面积 1.31 万亩，播种区域保持在乌伦古河两岸相对平缓的地区。这些区域靠近河流，引水方便，是盐碱化最为严重的区域，也是冬牧场牧草最为繁茂的区域。这里一旦被开发为农田，放牧空间便相对减少了。

---

① 木乡政府文件。
② 青山县党史地方志编纂委员会：《青山县志》，乌鲁木齐：新疆人民出版社，2003 年，第 163 页。

> 原来的盐碱地，当时长的野草一人多高，人进不去。里面的野鸭这些东西多得很，我们经常跑到里面找野鸭蛋。后来人多了，排碱渠一挖，把这些碱水排掉了，最后把盐碱地开发成耕地了（访谈个案，XJQ20130821A）。

从区域上看，2000年峡谷水库的修建，为三个区域大规模的土地开发创造了条件：QS3315（定居新村）平台、阿魏谷水库周边、QS3310平台（峡谷）。其中，QS3315平台和QS3310平台的土地开发发生于峡谷水库相关渠道修建完成后。QS3315平台位于乌伦古河南岸、南戈壁以北，原属冬牧场，是乡集体草场，也是乌伦古河南岸QS3313村、QS3314村、QS3305村、QS3306等村村民放牧的公共场所。QS3310位于乌伦古河北岸，位于春秋草场和冬季草场的交界处。从2000年起，就有外来开发商来到木乡，开发QS3315平台。从2004年起，外来开发商开始在QS3310平台开发土地。2005年S324公路开通后，外来开发商越来越多，QS3315平台和QS3310平台逐渐被开发完毕。

在木乡，多数汉族农民居住在乌伦古河以南、QS3315平台下。在QS3315平台的大规模土地开发首先改变了汉族农民的定居畜牧业，使定居畜牧业的发展空间急剧压缩。第一，在土地被大规模开发后，汉族农民能够利用的集体草场越来越少，因为牲畜无处放牧，只有将牲畜出售。一位汉族朋友曾经指着靠近南戈壁沙丘上的农田说，我们小时候还在这里放过羊，现在都变成了农田，没法放羊了。第二，农田收入替代了牛羊收入，由于农田收入多于喂养牲畜的收入，汉族农民不再喂养牲畜。许多汉族农民更加乐意选择从事种植业，表示习惯务农，而不太习惯牧业生活。目前，木乡仅有几户年老的汉族农民喂养着牲畜。

> 2003年，我家还有三四百只羊，那个时候南戈壁（即QS3315平台）上随便放。后来这些地方开荒了，牛羊没地方放了。我家是农户，没有草场；那时候牛羊便宜，请人代牧又太贵，经常就让代牧的人把牛羊卖了，最后不得已全部卖了（访谈个案，XJQ20130819A）。

近年来，种植区域逐渐向乌伦古河以北的春秋草场延伸。阿魏谷水库位于乌伦古河北岸，距离木乡10公里，由峡谷水库通过隧道供水，其中东部属于木乡，以西的大部分属于QS31乡。这里属于春秋牧场的范围，周边常有 QS3303、QS3304、QS3302、QS3308、QS3301 村等自然村（现在合并为两个行政村）村民放牧。1995 年，木乡就同以上五个自然村签订了《草场承包合同书》，将阿魏谷周边的草场承包给村集体，供定居牧民和农户使用，以提供日常生活和市场所需要的奶食。2011 年，阿魏谷水库主体工程建设完成后，又成为大规模开发的新区域。2012 年，一家经营畜牧业特色养殖、水产特色养殖、旅游投资的公司在青山县登记注册，并在阿魏谷开展相关建设，计划建设饲草料基地 1 万亩。2013 年，连同 QS31 乡开发地在内，阿魏谷水库周边累计开发种植约 13 万亩，其中大部分属于 QS31 乡开发地。

　　大规模的耕地开发首先给这几个自然村的哈萨克族村民带来不便。这些村民中绝大多数是哈萨克族，另有少量汉族、维吾尔族、回族居民；其中以农民为主，另有少部分牧民。村民通常会留 1—2 头奶牛和几只绵羊，把它们交给村中几个牧工专门放养；或者干脆把它们赶到草场，天黑前再赶回来即可。然而，大规模的开发却导致牲畜采食区域日益减小，而牲畜误食庄稼引发的纠纷日渐增多。

　　　　去年 7 月份，我把 20 匹马放在那边放，回来吃了一顿饭就回去了。结果马被关起来了，关的时候还有 1 匹马跑了，再也找不到了。他们说要赔钱。后来赔了 9000 块钱，把 19 匹马要回来了。这本来是我们放马的地方，现在归一个老板管了（访谈个案，XJQ20130829）。

　　　　我们哈萨克人必须喝奶茶，这是我们的民族特色。所以，我们夏天留一两头牛在这里，其他的都上山。100 多户就有 100 多头牛，放在那里。早上 7 点钟挤一次奶，8 点钟赶过去，晚上 8 点钟赶回来，8 点半再挤一次奶子。这里不种地的人大约有四五家，他们专门给我们放牛羊，每个月我们给 10 块钱，这比山上的价钱低一些，因为这是村集体的草场。冬天雪大的时候，就在棚圈里放。YLW 开了地以后，奶牛没法去放了，只能在家喂了。放牛的草要我们每天打，现在每天打草要 1—2 个小时……他开地，却给我们带来了困难与不便（访谈个案，XJQ20130815D）。

　　　　这个地是村集体的草场，是草原站、乡政府与我们五个村村集体订立的合同。我们这五个村是农业村，没有草场，就给一个村划分一

55

些地段，每个村都有。这在我们五个村的合同上都写清楚了。当时没有 GPS，领导用手指着路这边说给哪个村，那边给哪个村。我们汉族村当时也办理了合同，但没有给我们，他们保留着。圈起来有 4 万多亩，现在开发的 17000 亩，埋管子和圈铁丝网的有 4 万多亩。这些地都被一个老板开发着。政府的这些文件是 1994 年出的，我们这个合同是 1995 年办理的。

阿魏谷去年就在开发，那边有一些地是 QS31 乡的，这 4 万亩地都是我们土地证（指草原证）上的。县级政府只有 450 亩地的开发审批权，1300 亩以上必须通过农业部的审批。结果，他一开就开了 17000 亩（访谈个案，XJQ20130817B）。

春秋草场本来是最为紧张的草场，一旦为农田所占，就会挤占游牧空间，使春秋草场无法放牧利用，牲畜只有转移到乌伦古河流域，而这又给这一区域的农业和牧业关系带来问题。这一问题经常发生在秋收之时，此时也是牲畜转场的时间。这一时间重叠，造成农民抢收与牲畜抢食的现象，由此引发的矛盾极为普遍。

二、农业转型与农牧业矛盾加剧

按照地方政府的设想：农业为牧业提供牲畜所需的秸秆、饲料，获得牲畜过腹还田后的肥料，增加地力，由此实现农牧民增收和农牧结合、协调发展。然而，我们从上文看到，随着种植规模化，种植区域由冬季草场向春秋草场入侵，使牲畜活动空间日益被挤占，牧业日益被驱逐。起初，冬季草场上的开发使定居畜牧业被驱逐，汉族居民的牲畜受到影响。汉族居民可以转向农耕，而哈萨克族居民则需要定居畜牧业以维持日常生活或者供给市场，但在生产区域上的部分重合容易导致牲畜误食农作物，农业与牧业矛盾的现象时有发生。随后，春秋草场被大规模开发。春秋草场的资源本来就极为稀缺，这使定居畜牧业和移动畜牧业都遭到驱逐，被驱逐的牲畜只有四处觅食，使整个区域农牧业矛盾日益加深。根据牧业生产和农业生产时间，在此将其矛盾分为两种：农作物生长期内的矛盾，农作物收获中的矛盾。

首先，大规模的开发也改变了牧业与农业之间的关系，使二者之间发生冲突的可能性增大，导致农业间接排斥牧业，牧业空间因而不断面临挤

56

压的危险。为了增加收入和供应市场需求，哈萨克定居牧民通常保留一定数量的牲畜在农区，用于销售奶食、提供肉食。种植业规模不断扩大，在农作物生长过程中，牲畜误食农作物的事件经常发生。这导致农作物生长期内，农牧矛盾不断发生。许多农民认为这是牧民故意所为；牧民则认为牲畜本身就不听话，或者并非有意为之；还有部分人认为，牲畜在抢食更具营养的作物，是牲畜的本能所致。部分农民在农作物受害后，就采取许多对付牲畜的办法，间接隐秘地将牲畜杀死，或者直接扣留牲畜要求赔偿。

前两年，三十个骆驼跑到我的玉米地里了。我们就把它们赶出来，放在房子附近。那个放骆驼的小伙子不让我们赶，发生冲突了。我觉得不要有民族冲突，还是让司法所来解决。他们说，行了，第一次嘛，适当给点赔偿就行了。我说，三十多个骆驼，骆驼不是羊，它吃苞米利害，它啃树条子的。他说，国家规定了的，第一次，说服教育，第二次，就找他。我说，要看损失大小，如果小，那就算了。损失大了，必须赔偿。我们发现得早，如果发现晚了，好多亩地都完了。后来赔了二三百块钱算了。有一次抓了个牛在地里，放在院子里两三天也没有人来找。我自己害怕把牛饿死，还要找草喂它。后来干脆放了，算了。本来有铁丝网的，但可以把铁丝网绞起来。跟他们不能太计较，也不能太迁就。有些人专门留一些牛，在这里挤奶子卖，一部分自己喝。像那个骆驼，就是专门卖驼奶的。本来他们放在戈壁滩上，天气热了，骆驼就下来了（访谈个案，XJQ20130827F）。

其次，农牧业矛盾在秋收时期更为突出。一位曾经从事牧业工作的领导认为，问题的主要原因是牧民没有遵守牧业转场规则，提前从夏季牧场转往秋季牧场，随后早早地来到乌伦古河流域，此时农作物尚未收获，因而发生矛盾。次要原因是牧民和牧业工作人员贪图舒适的生活方式改变所致。

现在的问题是转场的时候。1984 年我们有一个协议（指牧业转场规定），是当时县里很多人讨论得出的，包括县里的领导，牧业上的许多人都参加了，还有许多牧民。因为牧业很困难，大家觉得只有这样安排，才能够避免一些困难，对牧业发展最好。上面都有什么时候转场，在哪个地方待多久。现在放羊的年轻人多，不熟悉情况，不会

管理。人家庄稼没有收获，结果牛羊回来了，直接进人家庄稼地了，结果不该说的话说出来了，不该打架的打架了，有的时候牲畜打断腿了……所以经常有这个问题。原来那个协议就比较好，在哪个地方放多少，在这个地方多少天。那时候10月底到11月10日牲畜慢慢下山，现在9月20日牲畜就下山了，不到10月1日。先下来的人还说，山里面冷得很，牲畜也管不了，这个时候就会出现问题（访谈个案，XJQ20130831A）。

课题组调研期间了解到，2011年与2014年的《青山县畜牧兽医局关于牲畜转场工作安排的通知》内容完全相同。这表明，这一转场规则可能被年复一年地复制，然后由县人民政府办公室发文通知各乡。该文件规定了详细的放牧时间、放牧区域、转场时间等内容，我们将其中与木乡直接相关的内容摘录于下：

青山县畜牧兽医局关于牲畜转场工作安排的通知[1]

QS31乡、QS32乡、木乡、青山镇夏牧场转场时间9月10日，尽量延长夏牧场放牧利用时间（特殊天气变化除外）。

9月10日至10月1日在第一春秋牧场放牧利用，10月1日到达赛肯布拉克、胡卫、托心一带。10月2日至10月15日在什肯特、克亚克赛依、塔本齐、QS3301、阿尤布拉克、萨热阿吾孜、QS3305、苏普特一带放牧利用。

以上三乡一镇牲畜务必在11月15日以后，方可过克斯塔斯桥、萨乌德格尔桥、萨尔巴斯桥及资源路桥。至12月15日在阿克达拉一带放牧利用……

课题组曾专门咨询主管牧业的乡领导，他表示不清楚其中的一些地名到底指哪里。随后，畜牧兽医局一位专门从事草原工作的工作人员也说：必须告知准确的GPS坐标后，才能确定这里属于哪个乡的哪一季节草场。笔者发现，其中有几个地名似曾相识：QS3301即木乡乌伦古河北的QS3301自然村，QS3305即木乡乌伦古河流以南的QS3305行政村。按照牲畜转场工作安排，10月2日—10月15日之间，牲畜就已经转场至乌伦古

---

[1] http://xmj.xjqy.gov.cn/neiry.jsp?urltype=news.NewsContentUrl&wbtreeid=1648&wbnewsid=872961.

河两岸。

表3-1 木乡农牧业作业时间表

农牧业 \ 时间	4.25	5.10	5.20	6.1	8.1	8.20	9.15	10.1-10.15
农业	播种玉米		生长发育成熟					收获玉米
	冬小麦 萌芽、生长发育				成熟收获			
苜蓿	生长发育阶段		收割		收割			
牧业	转场		定居畜牧业					回到乌河流域

在2000年以前,木乡农田集中在乌伦古河河谷两旁,农作物以小麦为主。小麦的收获时间在8月底。而近年来的农作物以玉米、打瓜等经济作物为主,它们生长期相对较长。如玉米通常在4月25日—5月10日播种,大规模的种植要使用机械收获玉米穗,必须等玉米包叶发黄,即10月1日前后方可收获,有时候甚至到10月中旬才收获完毕。而定居牧民种植的苜蓿草通常可以收割三茬,第一次在6月1日,第二次在8月1日,第三次在10月1日。我们将这几个生产周期放置在同一张日历表中,以便观察其中发生的交叉情况。以乌伦古河流域的种植业为例(如上所述,种植业区域已经扩张到乌伦古河以北的春秋草场),如果牧业和种植业在生产日期上交叉,就说明牧业和种植业之间存在冲突。如果两者在同一地点和相同的生产日期上不发生交叉,则表明它们之间不存在冲突。

可以看到,在农业生产品种由小麦等粮食作物转向玉米等经济作物、收获方式由人工转为机械化后,即使牧民完全遵照该工作安排转场,也会出现牲畜与农民抢食的现象。加上近年来大片春秋草场被农田和定居点占据,9月底牲畜到此后无法觅食,只有回到乌伦古河流域寻找草料,使牲畜育肥增膘,以便安全过冬。面对这一情形,种植苜蓿的哈萨克族居民延迟8月份收割苜蓿的时间,并在收割后将自家牲畜提前赶入苜蓿地放养,避免为游牧牲畜抢食。而农民面临收获,就以铁丝网围住农田,但面对漫山遍野的牛羊,即使全力驱逐也无济于事,因而发生了矛盾。

(2014年调研)秋收的时候,人和牲畜抢粮食,抢不赢。打不敢打,关不敢关,以至Y老板不愿种地……我女婿在峡谷(指QS3310平台)上面种的地,最后那个牛赶都赶不走,打也打不走,多得很。

59

再也不敢在那包地了（访谈个案，XJQ20140811A）。

　　到 9 月底的时候，山上已经相当冷，牛羊自己就从山上下来了，人也怕冷。有时候牛羊就这样丢了，除非天天跟着。那时候，像玉米、打瓜还没有收获，所以就会发生牛羊吃庄稼的现象。乡里设卡、罚款、扣牛羊等，但牛羊是不听话的东西，管不了。如果不抓紧增膘，（牲畜）就可能无法挨过冬天。一些农民拉铁丝网，不让进来。定居牧民家种了苜蓿，本来一年可以打三次，就是 6 月份 1 次，8 月份 1 次，10 月份的时候又有将近 30—40 公分高了。但是，为了避免牛羊下山时吃自家的草，一些牧民家 8 月份就打草，然后把自己家的牛羊放进来吃。所以苜蓿只打 2 次（访谈个案，XJQ20140814D）。

　　可以看到，农业在生产、收获中只有不断驱逐牲畜、驱逐游牧业，才能够维持生产活动的正常进行。面对游牧空间、时间的挤压，游牧业则只能尽力逾越铁丝网的阻隔，使牲畜抓紧育肥增膘，才能够度过冬季严寒和缺水少食的洗礼。总之，农业转型带来农牧业生产时间、空间的重叠，导致农牧业矛盾加剧。

三、水草资源利用矛盾下的牧业发展困境

　　水草资源利用矛盾包括两方面的内容：农业的转型同牧业争夺水资源、秸秆资源的矛盾越来越大；在市场化的背景下，农民越来越重视水资源、秸秆资源的价值，以往农牧双方的互惠关系演变为纯粹的经济关系。这两种情况使农民、牧民开始改变对草的观念，由此给牧业发展带来了困境。

　　就水资源而言，农业发展需要大量的水，尽管青山县自 2008 年起就大范围地实施了节水滴灌项目，但随着种植区域不断扩大、种植作物日益转向商品化、市场化的背景下，农业争夺水资源、秸秆资源等生产要素的趋势日益严重，农业对水资源的争夺日益剧烈，给牧业发展带来困境越来越明显。

　　2012 年，阿尔泰山地区行政公署与某省 HZSY 有限公司签订 30 万吨玉米综合加工基地战略项目合作协议。2012 年，青山县人民政府为了落实《阿尔泰山地区 2010 年度籽粒玉米种植与收储工作责任书》，与木乡人民政府签订责任书，要求乡政府加大推广力度，在 2012 年完成籽粒玉米种植

面积1万亩，交售玉米0.5万吨。通过这些协议，2013年，木乡玉米种植面积达到了前所未有的规模，近一半耕地种植了玉米。据估计，仅QS3315平台上，包含QS31乡和木乡的玉米面积不少于8万亩，在当年冬季为大量牲畜提供了秸秆，却无形中触发了农民对水资源的争夺。一位从东北远道而来、专门负责玉米种植的技术人员说：与其他作物相比较，玉米需要大量的水。

> 玉米简单，不用打农药，而且可以一直种。我东北老家门口那块地，年年种玉米，几十年了，玉米产量还是那么高。它就是要水，天天浇水都没事。乌伦古河的水多得很，要是这里全部种上玉米，水都没有问题。而且玉米不会像打瓜食葵那样造成土壤肥力下降，像打瓜种两年地就没肥了，食葵种第二年就会长出大芸，它会把地全部拱起来，吸收食葵的营养。通过一部分秸秆还田，可以实现肥力的持续（访谈个案，XJQ20130813C）。

2014年，乌伦古河流域发生大面积干旱。木乡下游的QS31乡旱情更加严重，QS31乡南戈壁区域一共有13条斗渠，到8月中下旬时，只有1条斗渠有少量的水。木乡虽然紧邻峡谷水库，但是也有不少耕地因为干旱遭受损失。调研中，许多哈萨克牧民反映：今年的草长得不好，好几亩地也打不了一车草。与此同时，夏牧场也遭遇前所未有的干旱。据县草原办公室统计：2014年草量比2013年减少41%，草场利用面积也减少68%。不仅如此，缺少阳光照射的阴面和树林带则毒草疯长，尤以乌头和毒芹等毒草为最。此类毒草，均有止痛、麻醉、兴奋中枢神经等效果。牲畜在阳面无法觅食，就转向阴面，一旦食用到毒草，非常容易上瘾，专挑毒草觅食，达到一定数量即毒发身亡。截至2014年9月，青山县因为误食毒草死亡的大畜已达130余头。[①]

地区一级政府将局部干旱与整体干旱联系起来，认为2014年整个伊犁河谷都遭遇了62年以来最大旱情。在调研中，笔者发现对此次干旱还有其他解释。原因之一，去年山里雪下得小，因为融雪过少，水库存量

---

① www. xjqs. gov. cn/NR. jsp? urltype = news. NewsCotentUrl&wtreeid = 1108&wbnewsid = 05&archive = 0；参见郭文场、刘颖：《几种危害牲畜的毒草》，载《植物杂志》1977年第2期；参见李晓敏、李柱：《新疆牧民放牧管理技术手册》，北京：中国农业出版社，2014年，第9—10页。

有限。原因之二，乌伦古河源头的东山县和青山县上游各乡镇农业种植规模越来越大，加上普遍种植打瓜、食葵、玉米等经济作物，且都集中在7—8月浇水，造成存水供不应求。原因之三，现在的老板都很精明，一旦听说山里面雪大，第二年就承包大片的地耕种；哪里土地价格实惠往哪里跑，从塔城一路向东——那里是乌伦古河的源头，土地价格都被他们抬高了，现在轮到东山了。原因之四，过多的开发商毫无计划地开发，导致用水紧张。然而，无论怎样干旱，开发商总有办法减少损失。笔者看到，在木乡，即使其他区域作物已经旱死，但一些开发商的大部分地往往都能够浇上水，他们在田间甚至有自己的储水池，储水池里总是蓄满了水。如果将这些原因综合以来，我们可以预测，由外来开发商主导的农业规模化将会在更大程度上与牧业争夺水资源，因此，草场将越来越依靠不确定的降雨来维持生长，未来的旱情会更加频繁，牧业发展会遭遇更多的困境。

在与牧业争夺水资源的同时，农业发展中与牧业发展争夺秸秆资源的形势日益严峻。这分为三种情况：第一，在长期的种植经验总结中，农民也创造了自己的"地方性知识"，其中关于保土的知识在事实上给牧业发展带来了困境。许多农民秋收后就开始犁地，犁地的时候土壤会把草盖住，经过寒冬大雪的洗礼，可以把土壤中的细菌冻死，土壤也非常疏松。这种情形下，牧民也就无法利用这些地里的秸秆。

第二，近年来，国家推出了秸秆还田补贴，如2014年秸秆还田补贴为200元/亩。相比较而言，一捆重量为50公斤的玉米秸秆只能赚2元。因而，秸秆还田补贴利润远远高于出售玉米秸秆的利润。加上使用机器收获玉米，可以同步将秸秆粉碎，而且秸秆还田还有利于土壤改良。在这种情况下，农业的秸秆还田将给牲畜越冬带来影响。一次偶然的机会，笔者听到一段对话，其内容可以显示出来。

　　H老板：一亩地的麦秆可以打10个包，每一包麦秆卖12元。他的麦秆卖了120元……我计划明年种3千亩小麦，再种一部分打瓜食葵。另外，我想明年小麦收获的时候，当着你们的面把麦秆粉碎后直接还田。

　　基层负责人：秸秆还田每亩地有200元的补贴。这个比卖秸秆划算。你自己直接粉碎就行了，不用我们去看着。

H老板：那肯定要当着你们的面，我肯定要说到做到。这样对地好一些。像我们兵团里面，冬季收获后还会再种一点油菜。来年春耕的时候把地耕了，油菜就埋在了地里，这样对地比较好。省得人们说我们种完地了就跑了。

　　基层负责人：这种情况确实是个问题，以前好多老板，种上一两年就走了，根本就不管这个地。油菜还田有效果吗？

　　H老板：那个效果好，那可是绿肥。地犁了之后，土壤松松的，庄稼长得特别好。

　　第三，除了以上两种情况，一些汉族种植业大户开始在秋收前后购买一定数量的牲畜，通过在承包地中短期育肥，使其发挥更大的经济效益，直接与牧民争夺秸秆资源。

　　由于水草资源利用矛盾加大，农民与牧民对草的观念开始转变，使以往农业为畜牧业提供秸秆、饲草料，又能够得到肥料和牧民代养牲畜的情况发生了根本的转变。一方面，随着市场化的深入，一些哈萨克族农民选择在牧民最需要草料的时候将草料出售，以获得更多的经济收入。一位哈萨克族农民说：

　　　　我家有30多亩地，全部种牧草。我家原本住在那边的河边，屋子附近还有20亩地。2008年大水，把我家的房子和地都淹了，就搬到这里。当时，这个房子自己掏了6万，政府补了3万。当年借了5万块钱，因为地淹了，全是沙，至今也没法还款。现在种牧草，没有用滴灌。每亩地草料现在可以卖500块钱，但我一般冬季卖，能卖1000块（访谈个案，XJQ20140815A）。

　　另一方面，农牧业矛盾频繁发生使农民和牧民之间的互惠逐渐减少，许多农民因此不愿意将草料提供给牧民，并使农民开始重新定义"草"。2008年前，木乡政府通常会要求农牧业村推行农牧区草（料）畜互换制度，鼓励机关干部捐助草料，要求农户准备一车草料，专门用于牲畜越冬度春。在传统哈萨克族牧民的心中，草是上天赐予的。① 许多汉族农民也习惯了其规则、习俗，对这些规则表示认同。然而，随着农牧业矛盾的加

---

　　① 崔延虎：《当牧民不再游牧》，载《华夏人文地理》2005年第7期。

大，农民开始改变认识：如果没有自己的辛勤灌溉，戈壁滩上不会有这么好的草。这种情况下，一旦农牧业矛盾加剧，农民就会拒绝为牧民提供草料，并将其观点施加给牧民。

> （2013年）有时候他们没有草了，我说我地里有草。他们说我给你点钱吧，我说给不给都行。他们通常也给点羊头，或者也给一点肉。有时候，找他们要他们也给。去年的时候，我说来这里这么多年，还没有吃过骆驼蹄子，你把骆驼蹄子拿两个过来吧。他说行啊。回头给我拿了几个过来了。

> （2014年）他们有个潜规则，10月1日后，牲畜吃了东西不用管，由农民自己负责。我说这个不合逻辑的，地里庄稼没有收完，牛不能进庄稼地。因为我出了承包费用的。哪怕地里长的草，也是我施了肥、浇了水的。那要是因为气候影响，那时候庄稼还没有熟怎么办？去年10月份的时候，我的苞米地里也有牛羊进来了。我们本地老百姓不管他们，抓住了就打，或者赶走。（访谈个案，XJQ20140822A）。

2014年冬，青山县储备草料短缺高达11万余吨，县政府采取储备应急饲料、外地调运饲草料等多种办法，也在积极引导牧民，将有限的牧草铡切后槽喂，以减少浪费、节约有限的牧草。将草铡切后槽喂，一直是木乡推行的做法，这样可以避免牲畜只吃适口性好的部分，丢弃适口性差的部分。而在牧民看来，牲畜是聪明的东西，比人聪明，所以他们总是将牧草堆成一座山，任凭牲畜将它啃食成亭子一般的喀斯特形状。面对草料短缺的风险，牧民或许不得不主动铡切后槽喂。这不禁让人想象，这距离舍饲禁牧还有多远。

第三节　土地开发与牧民问题

一、合作形式变化与牧民家庭风险加大

如果说草场所有制界定了谁可以使用草场，那么，游牧组织决定了牧民使用草场的方式。在游牧生产制度和传统游牧组织下，牲畜属于私人所有，草场属于共有的关系，因此，阿吾勒的成员共同使用阿吾勒共有的草场。牧业社会主义改造后，以牧主经济为基础的阿吾勒传统游牧社会组织

成为改造的对象，由此，传统多层次的游牧社会组织转变为以乡、社队为基础的行政组织，阿吾勒因此具有了"乡"的含义。在这种社会组织背景下，牲畜和草场都不属于私人所有，各乡共同使用本乡共有的草场，各社队共同使用本社队共有的草场。

1984 年的畜牧业生产责任制改革后，游牧组织又发生了相应的变革。牲畜被承包到户，成为实质意义上的私有；草场按照自由组合的原则，每三户组成一组，共同使用和管理。那么，牧民按照什么原则选择自己的组员呢？以木乡 QS3313 村为例，该村一共有 51 个组，由血亲关系结成的小组一共有 26 个，由姻亲关系结成的小组一共有 3 个，由血亲、姻亲关系结成的小组一共有 11 个。此外，木乡牧民可以选择迁移到 QS31 乡，与自己的血亲或姻亲组成小组。[①] 在现实情形中，每个互助组的规模并不一致，也有的互助组以 4 户一组，但都以亲属关系为主。

> 分畜到户后，我们家分到了 70 只羊，1 匹马，2 头牛，3 头骆驼。我们家还分到了 12 亩地。从那以后，我们家就在 QS32 乡居住。当时根据人数分配羊，每人大概 25 只羊。公社还给我们 4 个兄弟草场，这是根据羊的数量来分配的。公社都是按照这个规则分配冬、夏、春、秋草场。然后我们各自放牛羊。现在我家有 130 只羊，10 头牛，9 匹马和 4 头骆驼。从那开始，如果遇到大雪，我们 4 个兄弟也互相帮忙解决（访谈个案，XJQ20130824C）。

> 刚开始的时候，一个组三家人互相合作：一家人放羊羔，一家人放母羊，一家人放两岁的羊。当然，我们也会根据实际情况来分。现在，一个家里人口增加，一个一个孩子分户出去，就使得原来的亲戚合作关系可能为一家几个兄弟之间合作放羊替代（访谈个案，XJQ20140809A）。

我们将具有亲属关系的牧民组成的小组称为内部合作，将不完全由亲属关系的牧民组成的小组称为外部合作。近年来，随着哈萨克族人口增加，牧民家庭规模不断扩大，分户的家庭增多使得牧户的数量增加，如 QS3313 村 1984 年有 154 户，到 2014 年增加到 246 户，净增加 92 户。由亲属关系构成的牧民合作比例也因此不断增加，逐渐占据绝大多数的比例。

---

① 加娜尔·萨卜尔拜：《新疆哈萨克族阿吾勒及其变迁研究》，新疆师范大学硕士论文，2009 年，第 64—68 页。

也就是说，原来以内部合作为主、外部合作为辅的游牧组织逐渐转变为以内部合作为主的游牧组织。与此同时，牧民户数增加后，牧民之间的合作内容也发生了变化。分工机制方面，牧业责任制实施初期，互助组的规模减小，在劳动力相对缺乏的情况下，牧民通常将牲畜分群，分工放养，并共同承担打草等工作。随着土地开发规模扩大，在牧民户增加后，劳动力被适时转移出来，因此部分牧民从事种植业，负责冬季牧草的储备等工作；另一部分牧民外出务工，增加劳动收入；还有一部分牧民继续从事游牧业，负责放养牲畜。在储备草料的时节，这些牧民又经常联合起来，共同完成储草工作。

> 我们家在这里有八九十亩地，我有 4 个儿子，3 个女儿。有两个在 QS31 乡，另外两个就住这里。我们的牛羊都是一起放，由最小的孩子放（他和他 3 个哥哥），他这两天在拉草。他一个人忙不过来，就雇了个人，一个月付 3000 多元，或者每只羊 20 元。他的哥哥就在家种地，有时候也打工（访谈个案，XJQ20140827A）。

除了合作形式、合作内容发生变更外，游牧生产制度中由阿吾勒共同承担的诸多功能则全部转移到牧民家庭身上。例如，游牧生产制度中，阿吾勒负责为穷困的牧民支付聘礼，帮助遭遇困难的牧民解决经济困难等。而在今天，所有可能遇到的风险只能由牧民家庭来承担。这种情形下，牧民家庭显得非常脆弱。

二、文化变迁与传统互惠关系面临消失

传统游牧文化下，牧民必须维持良好的社会关系，这是游牧生产活动和游牧生产制度所决定的，因为通常所说的单人独户无法游牧，否则牧民也无法生存。在许多汉族人看来，哈萨克族是一个非常善良的民族，他们在生活中对外来人的照顾可谓无微不至。而汉族农民也在生活中给予牧民各种帮助，例如提供一些其生产所需的草料和一些生活所需要的蔬菜等。通过这种互惠的行为，牧民与周围的社会群体形成了良好的社会关系。

> 这个地方的哈萨克民族是个好客的民族。我们以前去哪里，只要走到个房子，管吃管住。我们以前去山上，那些民族人向来不锁门，

就只用绳子绑一下。你到了，把绳子解开，到房子里面坐，他们自己炸的包尔沙克呀这些东西，你可以拿出来吃。他们可能是一两个月不回来，也是用绳子绑一下就行了，过路人自己用就行了，吃了走好就行了……我们刚来的时候，对我们好得很。要搬家，他们看到我们来了，不管认识不认识，一壶奶茶给你端过来，一盘包尔沙克提过来，因为你刚搬过来，来不及做饭，人家就给你把饭送来了。哈萨克民族人多好啊，真是一个相当好的民族……我当时带人去照身份证相，全靠他们。那时候黄金缉私队，还有森林防火的，都给我们通知。刚开始我们去挖金子，我们没面粉了，就到人家家里去取一点面粉，然后给人袋子里放一些钱，人家看到了，心里高兴一些。口内来的一些人不守规矩，老是想占别人便宜（访谈个案，XJQ20140801A）。

大规模土地开发伴随着的市场化逐渐使哈萨克牧民之间的互惠关系发生变革，如喂养牲畜所需要的草料、代牧等越来越以市场价格来衡量。受此因素的影响，对他人草场的借用也需要以价格来衡量。许多哈萨克农民也越来越选择在市场价格较高的时段出售牧草，哈萨克牧民也日益以较多的时间、人力来储备牧草。

67

我家有 30 多亩地，全部种牧草……每亩地草料现在（指 8 月份）可以卖 500 块钱，但我一般冬季卖，能卖 1000 块（访谈个案，XJQ20140811C）。

现在冬天只有特别会放羊的人才过去那边，如果不是特别会放羊，羊就会饿死。我一般买一些玉米给牛羊，实在不行，就转到有草的地方。如果那边草场是别人家的，一般给一笔钱就行了。具体的钱数，是根据时间长短来计算的，而不是根据羊只的数量。如果整个冬天都用，一般要给 5000 元钱。时间短的就少一些（访谈个案，XJQ20140815B）。

在小说《潺潺流淌的额尔齐斯河》描述了定居数年后，定居村中发生了青年牧民协助外地盗窃团伙，盗窃牧民牲畜的事件。崔延虎认为，在定居的第 7 年前后，定居村就开始发生偷窃等现象。在土地资源开发及与其相伴随的市场化等规则下，牧民的生存不一定依赖于周围的人群，他们通过其他途径同样可以获得生存资料的来源。这种情况下，哈萨克牧区偷盗

等现象逐年增多。调研期间，笔者在司法部门看到的两则案例，表明哈萨克牧民的社会关系正在发生改变。

其一，2010年4月中旬，某某走访邻居家，看到邻居家中无人，发现柜子里有2500元钱，就将其盗走。6月中旬，邻居让其帮忙打扫卫生，某某在此盗取了邻居钱包中的300元现金。2011年3月，某某再次到邻居家串门，发现家中无人，就将饭桌上的钱包盗走，内有1200元现金。5月，知道邻居不在家，就将其房中的锁撬开，将衣服里的400元现金盗走。

其二，2012年8月20日，被告人和丈夫到钟山县AED乡捡石头，路过牧民某某家，见家中无人，就顺手拿走一袋山羊绒，价值5280元。

此外，市场化使牧民越来越重视经济价值，而忽视了其中的社会关系。代牧的纠纷就是其中的典型，在代牧纠纷中，经常出现农民所代牧的牲畜无故丢失的现象，以至于乌伦古河沿线一带喂养牲畜的汉族农民越来越少。笔者在木乡找到一位汉族农民，他尚有200余只羊。

> 过去的时候，我们村有4000多只羊，现在不到400只羊了，我的就占了一大半。许多人找民族人代牧，羊丢了以后，法院不管，当地政府不管。羊养不成了。许多人打官司赢了，但官司费还要自己掏。有的人养了很多羊，一辈子的心血就这样被吃掉了，心里有苦没有说。如果有政府长期管理，或许会好一些。我的只拿30%的利，因为代牧人的利多，所以他一般不会卖。其他人都是各50%的利，而且对价格要求严格。比如，羊娃子1000元一只，我一般只要800元一只结算，这样代牧人又能从中挣到。
>
> 我把羊分给七八家人在代牧，因为放在一家我比较害怕。以前放过一家，当时50%的利，后来他把代牧的羊全部卖了。我没有公证，公证费要3%—5%，也没有找他。他是因为孩子要结婚，花了十几万，也没有钱，就全部卖了。后来三四年，慢慢地把钱还给我了。我原本有300只羊，被他一折腾，就只有200多只羊了。现在我老了，什么活也干不了，只能这样来（访谈个案，XJQ20130828B）。

这种代牧纠纷层出不穷，哈萨克定居牧民也开始将牲畜交给亲戚朋友代牧，而不交给其他牧民。许多定居牧民说，交给别的人放心不下。在这种情形下，传统哈萨克游牧文化不断发生变革，以往的互惠互助逐渐消失。

三、生计方式转变对草原的影响

　　有的研究从家庭人口增长与哈萨克族分毡房的角度，来分析草场逐渐被分割后的生态环境恶化。然而，根据笔者的研究，哈萨克族分毡房的现象不一定会导致草场被分割。从理论角度而言，哈萨克牧民家庭遵循分毡房的传统，将牲畜与草场分给独立门户的孩子，新毡房的出现意味着草场被分割。① 而从以下几个方面来看，这里存在逻辑的矛盾。第一，黄宗智认为，在一子继承制度下，继承者只能在父亲死后继承田产，才能获得经济上的独立。② 哈萨克族的幼子继承制度属于一子继承制度，继承者通常会在成家之时开始继承草场与牲畜，赡养年迈的父母。这种情况下，不可能出现草场分割的情形。第二，在草场属于阿吾勒等传统游牧社会组织共有的情况下，客观上不存在草场的划分。因此，我们不能简单地将分毡房表示为草场分割。而在畜牧业承包制实施后，青山县一直遵循以小组的形式划分草场，在使用方式上一直遵循小组共同使用的原则，因而也不可能出现草场的划分。第三，青山县于 2011 年实现草原分户承包后，土地规模开发的规模日益扩大、牧民定居政策实施力度日益加大，在这种情形下，牧民家庭通常采取转移劳动力的办法，而不是理论上的分草场。如以下几个案例：

　　　　大儿子当过兵，现在在县城工作。最小的儿子在乡派出所工作。还有一个儿子搬到 QS3315 定居去了。因为我的地不多，分给他们以后，每人就不到 20 亩了。去 QS3315 定居有 50 亩地，但地里石头比较多，没法种，所以他就去打工了（访谈个案，XJQ20140802B）。

　　　　（某定居牧民）公社还给我们 4 个兄弟草场，这是根据羊的数量来分配的……我们四家一直都在一起放牛羊。我弟弟的羊特别多，他在当时分到 300 只羊，因为父母跟着他，按照每人 25 只羊分，他分的最多。他管理得好，到现在有一千只羊了。他现在是巴依。我们都在一起放羊，但都为他祝福，不会觉得不公平（访谈个案，

① 崔延虎：《当牧民不再游牧》，载《华夏人文地理》2005 年第 7 期。
② 黄宗智：《长江三角洲小农家庭与乡村发展》，北京：中华书局，1992 年，第 325—330 页。

XJQ20140803B）。

在游牧生产制度下，哈萨克族婚姻过程中需要一定数量的彩礼，较厚的彩礼为 77 匹马，中等的为 47 匹马，最少也要送 17 匹马。到 20 世纪 40 年代，彩礼分别改为 20 头、15 头、10 头和 5 头大畜。贫穷者往往可以获得传统游牧社会组织、部落组织的帮助，但因此会负债累累。[1] 不幸的是，传统游牧社会组织的解体直接导致牧民必须单独承受其中的经济压力，特别是在土地规模开发的背景下，相当数量的聘礼往往令许多牧民不堪重负。

> 我们家人多，几个兄弟结婚都要买房子，所以把家里的羊都卖了，我们民族就是这个花钱太多了。种地收入不多，只靠羊。我准备结婚了，爸爸帮我在新村买了个房，掏了 3.5 万元，然后装修花了 3 万元，这是我自己掏的。我弟弟结婚的时候，家里花了几万块钱，他买房子的时候也是爸爸掏了 5 万元钱。如果做上门女婿，那就得看岳父岳母的脸色。还不如自己自在。

> 现在不管是谁，都得靠自己挣钱……我们这里结婚连买房、送礼、装修等一共要将近 20 万元。送礼就是拿钱过去，我拿了四五万块钱过去了。一个房子 3.5 万元，装修 3 万元。像我们没有工作，要挣几年钱，才能把这些钱挣回来呢，所以我们平时打打工、找石头、卖石头。卖石头的人很多，每家 1 个，有的 2—3 个（访谈个案，XJQ20140813B）。

在传统游牧技术中，草场是牲畜之母，大地是草场之母，水源是大地之母。牧民对水源、草场有着内在的崇敬，对牲畜有着由衷的感情。在土地资源开发的背景下，土地资源开发所带来的商品化，家庭经济压力增大等现象，使这种崇敬与敬畏的感情不复存在，哈萨克牧民与草场的关系开始普遍地转变为纯粹的利用关系，传统游牧技术不断面临开发利用的威胁，表现在矿产资源利用和农耕运用两个方面。

在蒙古语和哈萨克语中，"阿尔泰"（"阿里泰"）就是黄金的意思。传说阿尔泰山七十二沟，沟沟都有黄金。因此，新疆境内阿尔泰山所在各

---

① 贾合甫·米尔扎汗：《哈萨克族》，纳比坚·穆哈穆德罕、何星亮译，北京：民族出版社，1989 年，第 80—84 页。

县多蕴藏着丰富的金矿。除此之外，还有丰富的宝石矿。位于东山的青山县更加富饶，素有"天赋蕴藏"的美名。早在20世纪40年代，盛世才政府就允许苏联政府在青山县开采可可托海绿柱石及稀有航天金属矿石，这里常被赞为矿产业中的麦加圣地。改革开放初期，青山县以"发现丰富原生黄金矿"而远近闻名。境内QS32河、QS3313河流域、额尔齐斯河流域、三矿大桥一带以及乌伦古河两岸、克林—交勒特河等地也都储有沙金矿，分布广泛，适宜个体开采。1979年以后，国家的采金政策逐渐放宽，采金又兴旺起来。1985—1986年各矿区采金人数逾万。[①] 2007年上映的影片《风雪狼道》，讲述了外来淘金客不顾大雪冒险淘金，最后淘得枕头金上交国家的故事。近年来常有当地牧民拾获狗头金的报道。现实生活中，淘金者既有哈萨克族牧民，也有早年迁移到此的汉族人，还有闻风而至的外来人。

> 2003年前，我父亲去过一趟哈萨克斯坦。他的哥哥在那里，过得挺好的。2003年，他决定搬到哈萨克斯坦。村里一个哈萨克小伙子听说这件事，就过来说让我们把草场给他用一下，还给了我父亲6000元……父亲租给那个小伙子的草场后来被他以3万元的价格卖给一个私人老板。私人老板在这块草场上挖黄金，应该是用挖掘机挖的，因为等我们再去草场的时候，上面被挖得大大小小的坑，有的坑有四五米深。草场已经没法放牧了。过去，我们家就在那放牛羊，虽然不多，但也有七八十头牛、羊、马等。现在，我只有四头牛（访谈个案，XJQ201408016A）。

2001年阿尔泰山地区全面禁止非法开采黄金后，宝石市场继而兴起。由于青山县境内各类宝石矿储量丰富，常见的海蓝宝石、猫眼宝石、碧玺、丁香紫宝石、紫牙乌宝石、石榴石、玛瑙、水晶等品质优良。通常而言，位于阿尔泰山的夏季牧场宝石储量丰富，在这里发生的盗挖宝石的现象导致了部分草场受到破坏。

近年来，青山县提出打造"宝石之乡"和"观赏石之乡"，宝石的价格疯涨。面对宝石价格上涨给草场带来的威胁，牧民通常采取3种办法。

---

① 青山县党史地方志编纂委员会：《青山县志》，乌鲁木齐：新疆人民出版社，2003年，第52—55页。

一是在疏通自家牧场水渠时，牧民顺便采挖可能出现的宝石。这种情况的目的只在于疏通水渠，故采挖宝石属于"副业"。采挖后注意填平草场，对草场没有什么破坏。一位刚回到定居房准备打草的牧民告诉笔者：我们带回了一袋石榴石，大约 16 公斤；石榴石去年卖 300 元一公斤，今年卖 50 元一公斤；我感觉草场被破坏得很厉害，因为近年来开采宝石的外地人增多，他们通常采用挖掘机采挖宝石，一旦草场上遍地都是矿坑，就会无法放牧。据了解，这些石头就是在疏通水渠时发现后采挖。二是为了避免自家草场被偷采宝石，牧民采取折中的办法自我采挖，以减少对草场的破坏。笔者的一位翻译说：我姐夫去年 2 月份上山（夏牧场），见 30 多人在他的草场上挖石榴石；他就把他们赶走了，然后自己挖；他挖完后填平，雪水流下来，对草场的破坏不会太大。三是部分牧民采取出租的办法提供采挖草场，以此获取租金。笔者访问到一位卖宝石的年轻人，他和弟弟以采挖宝石和贩卖宝石为生。这种情况下，牧民虽然对于采挖者和采挖方式有所选择，但只是以获取收益为目的，因此对草场的破坏极为严重。

> 挖石头一般到别人的草场，我们都是自己拿铁锹去挖。一天要把 20—30 块钱给草场主人，他们收钱的……像石榴石，最好的 300 多一点一公斤……去年我一天挖 10 公斤，一公斤 100 多元，一天可以挣一两千元，都是我自己人工挖。去年 8 天时间，我挣了 2 万块钱。石榴石比较集中，一小块地方就有很多。如果挖到地方有这个石头，就使劲挖，挖好了拣出来，洗好就可以卖了。那个草场主人，一夏天可能挣几十万，一般每个人一个月收 500 块。他的草场多，就把这个地方给别人挖。他们搬过来搬过去的，轮流着让别人挖……我们平时打打工、找石头、卖石头。卖石头的人很多，每家 1 个，有的 2—3 个（访谈个案，XJQ201408031C）。

土地资源开发也造成牧民与草场关系处于变化之中。随着冬季草场被禁牧，有牧民开始将草场开发为耕地，或者采取转包的方式，将草场开发为耕地。2011 年，木乡某牧民与某村村民达成口头协议，将其部分禁牧草原开垦为耕地，付给承包费。随后，木乡政府发现，该牧民不仅"承包"了这一块草原，而且将临近的草原也"转包"给他人开垦。截至 2011 年 9 月，这两片草场合计开垦 600 余亩。随后，青山县草原监理所取缔了此次非法开垦行为。笔者了解到，这一片草场临近 S324 省道，很容易发现。相比较之下，一些位于戈壁滩深处的草原开发则难以被发现，也难以被取缔。因此，在一些水利条件相对便利的戈壁深处，我们很容易从地图上发现这种被开发的草场。由于以上两种情况，牧民与草原的关系正在发生巨大的变化。

第四节　总结与讨论

游牧技术是游牧生产得以维持的技术保障，其目的是处理好人口、牲畜和草场的关系，对于维持人草畜的平衡具有重要的意义。传统游牧组织可分为传统游牧部落组织和传统游牧社会组织。其中，传统游牧部落组织主要以族谱为判断依据，是以血缘关系为基础构成的社会实体。传统游牧社会组织是在长期的游牧生产活动中结成的组织，服务于其组织中的所有成员。游牧文化包括游牧过程文化和游牧环境文化两部分内容：前者用于处理游牧转场过程中不同游牧组织之间的关系，维持游牧转场活动的正常进行；后者用于把握外部环境，维持牧民的游牧生产活动和生活的正常进行。对早期游牧社会而言，草原部落经常受到游牧社会政治、对外贸易及传统游牧社会组织内部矛盾等多种因素的影响。

本研究认为，土地资源开发改变了游牧文化赖以存续的物质基础，而国家权力不断深入牧区给游牧组织造成了冲击。中华人民共和国成立后，在土地规模开发下，牧业发展受到时间、空间及资源压缩，由此导致农牧矛盾加剧。不仅如此，随着农业走向规模化、商品化和可持续化，牧业面临秸秆资源紧张的局面加剧，草场面临经常性干旱的局面加剧。与其他区域的草场承包政策不同，改革开放至牧业建设政策落实阶段，青山县在草场使用制度上一直延续小组使用的草场使用习惯。牧业建设政策实施后，为了便于将草场补贴发放到户，草场被承包到户。此后，在牧业土地规模开发、市场化的背景下，牧民开始掠夺式地利用草场，而草场被开发为农田、被无序开采宝石的可能性也逐渐加大。

在土地规模开发下，游牧文化也面临内部和外部危机。牧民合作形式变化给牧民家庭带来的社会风险加大，牧民互惠关系面临消失，牧民生计转变日益排斥牧民游牧生产活动。研究发现，大规模的土地开发使牧民与草场的关系发生改变，导致牧民更愿意选择短期获益的草场利用方式。伴随着土地规模开发，国家推动的牧民定居政策也成为可能。大规模的土地开发改变了以往牧业生产中的"过密化"及分工型发展的模式，国家力量的深入也改变了草原部落时代人口过多经常带来的草场争夺。然而，与规模定居相伴随的是，定居村建设和饲草料地逐渐侵入春秋草场，这使牧民越来越重视草场的经济收益。与此同时，受土地开发形式的影响，牧民转牧为耕后先后面临着耕地质量差、耕地距离远等问题。而传统游牧文化中缺少农耕文化的内容以及与农耕文化冲突的内容，则在很大程度上阻碍了牧民转入农耕生计的进程。因而，从事农耕的定居牧民在生产生活中承受着极大的生活压力和生产压力。

综上，"三牧问题"的发生在很大程度上是大规模土地开发与国家发展方式及地方政府治理措施共同作用的结果，尤其是国家和地方在发展中片面重视经济增长所产生的结果。由此提出，"三牧问题"在很大程度上是国家发展方式的问题在牧区的体现。牧区、牧业和牧民的持续和全面发展，从根本上需要国家发展方式转型，需要国家将其职能转移到监督市场行为和限制市场的弊端上来。

执笔人：包智明　曾祥明　石腾飞

第四章 民族地区水资源开发中的
社会与环境问题

——内蒙古清水区与吴县案例

　　水资源是个体生存与社会发展的物质基础。20世纪70年代以来，黄河断流问题日益严峻，水资源短缺不仅严重影响了沿岸农民的生计，同时也使得黄河沿岸的生态环境问题日渐凸显。尤其是1987年后，因黄河水资源开发利用引起的争水、抢水等纠纷事件层出不穷，水事关系日益复杂。有鉴于此，中央政府开始将黄河流域水权制度建设提上议事日程，开展以产权明晰化为导向的"分水"实践。作为水资源危机问题应对的制度手段，从中央到地方，各级政府都投入了大量的人力、物力和财力来推动黄河灌区的水权制度建设，以提升水资源开发和利用的效率。然而，在内蒙古西部地区的长期社会调查过程中，课题组注意到，这一兼顾"环境治理"与"社会发展"的公共政策，在地方社会的实践过程中却产生了诸多意外后果。水权制度建设和水资源开发在促进内蒙古工业发展和经济增长的同时，也带来一系列社会和环境问题。

　　工业化的发展离不开充足水资源的支持，特别是对以矿产资源开发与重化工企业为主导的西部干旱地区而言，能否获得充足的水源供应是决定该地区工业发展前景的关键所在。内蒙古西部地区作为我国水资源最缺乏的地区之一，稀缺的降水与有限的地表径流难以支撑该地区高耗水工业的发展，大量涉水企业因无取水指标而无法落地投产。水资源短缺成为制约内蒙古西部地区经济社会发展的瓶颈。在这种情况之下，面临强劲的地方经济发展需求，旨在调整产业用水结构的水权转换被创造出来。通过水权转换，水资源开发和利用的程度和效率大幅度提高，中东部地区高耗水的重化工企业不断"西进"，西部民族地区的工业化进程也明显加快。在西部民族地区如火如荼的工业建设浪潮攻势之下，即便是过去荒无人烟的沙

漠腹地也概莫能外。在东部企业转移的"推力"与西部民族地区经济发展需求"拉力"的共同作用下，一部分高耗能、高污染企业落户内蒙古西部地区，使该地区的环境问题不断凸显。

课题组结合2012—2017年在内蒙古西部地区清水区和吴县的实地调查，在分析该地区地方工业化发展过程中水资源问题的基础之上，致力于回答以下几个问题：水资源开发对于民族地区的地方工业化发展起到了什么作用？工业化的快速发展又给地方社会的资源、环境与发展带来怎样的影响？

第一节　水资源开发与地方工业化

一、内蒙古西部地区的水权制度建设与水资源开发

20世纪70年代以来，黄河断流问题日益严峻，不仅严重影响了沿岸农民的生计，同时也使黄河沿岸生态环境问题日渐凸显。长期以来，水资源国家所有的模糊产权界定使黄河水资源处于一种"开放式获取"（open access）的状态，沿黄河各省的"水资源竞赛"引发黄河水资源的过度开发和利用，黄河断流问题时有发生。黄河断流引发了广泛的政治、经济、社会和生态问题，得到全社会的广泛关注，也引起了中央高层的高度重视，黄河流域水权制度建设被提上议事日程。

从表面上看，黄河流域的水资源问题是环境变迁、降水减少与水资源稀缺的体现，然而，其实质却是黄河流域产权制度建设以及水分配体制失效的反映。[①] 国家对黄河流域水资源的统一管理并没有带来水资源的可持续利用，相反，模糊的产权界定带来了黄河流域的整体性水资源危机。为规范各用水主体的行为，促进水资源的开发、利用与保护工作，国家展开以产权明晰化为导向的黄河"分水"实践，在其主导的黄河水资源治理格局中引入分权与市场机制，希望通过水权制度建设实现黄河流域的水资源问题治理。

水权制度建设的目的在于明晰各流域以及各用水主体的权利、责任边

---

① 胡鞍钢、王亚华：《如何看待黄河断流与流域水治理——黄河水利委员会调研报告》，载《管理世界》2002年第6期。

界，激励和约束各用水主体的用水行为。在中央政府这一层面，则是通过初始水权分配对水资源产权进行明晰界定。[①] 初始水权是国家通过法定程序为流域或区域分配的水资源基本用水量权，[②] 具体表现为国家在沿黄各省区的"分水"方案。

中央政府对于水权的初始分配遵循总量控制原则，根据流域内各行政区域的用水现状、地理、气候、水资源条件、人口、土地、经济结构、经济发展水平、用水效率、管理水平等各项因素，分配行政区域可消耗的水量份额。[③] 具体到黄河流域，以 1980 年黄河实际引水量为基础，1987 年，国务院综合分析了相关省（自治区）的灌溉发展规模、工业和城市用水增长以及大中型水利工程兴建的可能性，制定了《黄河可供水量分配方案》，明确提出"87 分水方案"，从而在宏观层面上确定了南水北调工程生效以前沿黄各省、自治区的可供水量分配方案（参见表 4-1）。

表 4-1 南水北调工程生效前黄河可供水量分配方案[④]

（单位：亿立方米）

地区	青海	四川	甘肃	宁夏	内蒙古	陕西	山西	河南	山东	河北	天津	合计
分配年耗水量	14.1	0.4	30.4	40.0	58.6	38.0	43.1	55.4	70.0	20.0	20.0	370.0

"87 分水方案"充分考虑了黄河最大可能的供水量，要求沿黄各省（自治区）从这一实际出发，组织和发展节水型生产。以此分水方案为依据，规划工农业生产和城市生活用水，安排建设项目不要超出水量分配方案，以免因水源无法落实而造成不能正常生产的情况，以期实现黄河水资源的可持续利用。

1998 年后，黄河流域的水管理制度变迁明显加快。1998 年水利部和国家计委联合发布《黄河可供水量年度分配及干流水量调度方案》。1999 年，对流域水资源统一调度的专门部门——水利部黄河水利委员会（以下简称

---

① 和莹、常云昆：《流域初始水权的分配》，载《西北农林科技大学学报》（社会科学版）2006 年第 3 期。

② 侯成波：《初始水权内涵分析》，载《水利发展研究》2005 年第 12 期。

③ 中澳合作中国水权制度建设项目：《中国水权制度建设项目最终报告》，2006 年 11 月。

④ 国务院办公厅：《国务院办公厅转发国家计委和水电部关于黄河可供水量分配方案报告的通知》，国办发〔1987〕61 号，1987 年。

黄委会）成立，并依据《黄河水量调度管理办法》正式实施流域水资源统一调度。在这一制度指引之下，每年黄河流域各省（自治区）根据自身情况申报用水需求，经水利部审批后，报国家计委备案，审核分配可引用水量。[①] 各省（自治区）根据分配的年度用水总量，继续往所辖范围内各市、区（县）分配水权。

由于灌区社会与黄河水资源的相互依存关系，黄河流域的水权制度建设不单是实现黄河水资源可持续利用的问题，还涉及黄河沿岸环境保护、灌区经济社会发展等方方面面，这也使得中央政府主导的水权制度建设面临的社会风险与环境不确定性问题增加。面临黄河治理成本的上升与流域水资源危机加深，中央政府采用分权和行政发包的方式，[②] 将地方政府作为自身在地区的代理人，赋予地方政府水资源管理的责任，通过明晰与赋予地方政府水权的方式来分担中央政府的治理风险，同时，刺激地方政府的主体能动性。具体来说，在自上而下的水权制度建设过程中，中央政府完成水权从流域到各级行政区的初始分配之后，便将区域水权的具体配置和管理委托给各级地方政府。地方政府须承接中央政府的权力授予，继续将本行政区内的区域水权再分配到不同的用水部门。

表4-2　沿黄各省（自治区）用水量与初始分配水量比较[③]

（单位：亿立方米）

省区	分配年耗水量	1998年耗水量	1999年耗水量	2000年耗水量	2001年耗水量	2002年耗水量	2003年耗水量
青海	14.10	12.47	12.94	14.19	12.11	13.00	12.27
四川	0.40	0.16	0.25	0.24	0.25	0.26	0.25
甘肃	30.40	27.85	30.85	32.02	31.95	31.08	33.84
宁夏	40.00	39.23	43.91	40.32	40.31	38.77	39.06
内蒙古	58.60	77.45	84.14	77.59	79.85	78.34	69.48
陕西	38.00	41.98	43.32	44.05	42.69	41.93	37.46

---

① 陈新焱、罗琼：《水属于谁？——中国水权历程》，载《南方周末》2010年4月1日。

② 周黎安：《行政发包制》，载《社会》2014年第6期。

③ 根据黄河水资源公报1998—2003年数据整理，其中河北1998年、天津1998年、1999年耗水量未在公报上体现。转引自和莹、常云昆：《流域初始水权的分配》，载《西北农林科技大学学报（社会科学版）》2006年第3期。

续表

省区	分配年耗水量	1998年耗水量	1999年耗水量	2000年耗水量	2001年耗水量	2002年耗水量	2003年耗水量
山西	43.12	8.10	28.23	27.93	29.31	29.45	28.33
河南	55.40	45.16	52.74	48.49	48.04	54.38	47.68
山东	70.00	92.40	93.47	73.91	73.65	89.82	58.02
河北	20.00	/	3.16	0.82	1.28	1.70	0.10
天津	20.00	/	/	6.33	2.35	3.50	9.96
合计	370.00	364.80	392.74	365.89	361.79	382.23	336.45

通过初始水权的分配,中央政府与地方政府之间形成了一种"上下分治的治理体制"。[①] 一方面,由于我国水资源为国家所有,各省、市、县级地区不拥有水资源的所有权,为了尊重地区利益的客观存在,顺应地区对水资源管理的要求,[②] 国家将对应行政区域内的水权赋予地方政府,只要地方政府不违背中央所定的黄河流域用水指标,均可因地制宜地行使区域水权,灵活处置所管辖地区的水权分配。另一方面,黄河流域水权制度建设是一个复杂的系统,其中涉及不同利益相关者之间的互动与博弈关系,中央政府无法完全掌握各个环节的翔实信息,容易造成地方政府水权分配上的差异性。在区域水权的落实过程中,国家的水权分配量与各区域〔省(自治区)、市、县〕实际耗水量之间差异大即是这一问题的反映(详情见表4-2)。

从表中可以看出,中央政府的分水方案并未得到有效落实。各省区分配的水量和实际耗水量之间均存在一定程度的差异,而这其中以内蒙古自治区最为显著。从1998—2003这6年期间,其实际用水量均超出国家所分配的水量,最多一年超出应分水量的40%。在这种情况之下,黄委会决定引入市场机制,通过水权转换调整当下的用水格局,破解水资源供需矛盾的"瓶颈"制约。

2003年4月1日,黄委会印发了《关于在内蒙古自治区开展黄河取水权转换试点工作的批复》(黄水调〔2003〕10号)。2006年,根据内政字

79

---

① 曹正汉:《中国上下分治的治理体制及其稳定机制》,载《社会学研究》2011年第1期。

② 苏青、施国庆、吴湘婷:《区域水权及其市场主体:对东阳—义乌水权转让实践的认识》,载《水利经济》2002年第4期。

〔2006〕59号文件，内蒙古自治区政府根据自身发展情况进一步调整了黄河用水结构，具体通知如下。

各有关盟行政公署、市人民政府、自治区各有关委、办、厅、局：

"十五"以来，随着阿拉善盟、呼和浩特市、包头市、乌海市、鄂尔多斯市、巴彦淖尔市等沿黄河6盟市经济社会的迅速发展，我区沿黄河区域水源不足的问题日益凸显，特别是结构性缺水的矛盾更加突出。国家分配给我区的58.6亿立方米的黄河水指标中，农业用水占到了95%，远远高于黄河流域82%的平均水平，用水结构极不合理。为全面推进节水型社会建设，有效促进沿黄河6盟市农业节水，合理调整用水结构，积极推进水权转换工作，使有限的水资源发挥更大的经济社会效益，全面推动沿黄河6盟市社会主义新农村建设，自治区人民政府决定，在加大沿黄河灌区节水改造工作力度的同时，进一步调整黄河用水结构，现将有关事宜通知如下：

自治区及沿黄河区域各级人民政府要进一步加大对沿黄河灌区节水改造工程的投入。2006年，在积极争取国家投资的基础上，自治区财政将投资3亿元用于河套灌区节水工程。沿黄河灌区特别是河套灌区要按照总量控制、定额管理的要求，切实加强用水调度管理，不断加大种植结构调整和平地缩块工作力度，在继续实施渠道衬砌等传统节水措施的同时，大力推广先进高效的节水技术，有效控制灌溉用水量，进一步提高农业灌溉用水的效益和效率。

根据国家分配给我区的黄河用水指标，在全面实施《内蒙古自治区黄河水权转换总体规划》的基础上，从巴彦淖尔市河套灌区农业用水指标中调整出3.6亿立方米，作为沿黄河其他5盟市工业发展的后备水源。各有关盟市增加的用水指标分别为：阿拉善盟0.1亿立方米，呼和浩特市0.3亿立方米，包头市0.5亿立方米，乌海市0.7亿立方米，鄂尔多斯市2.0亿立方米。

此次调整的3.6亿立方米工业用水指标，要严格按照水利部《关于内蒙古宁夏黄河干流水权转换试点工作的指导意见》（水资源〔2004〕159号）和水利部黄河水利委员会《黄河水权转换管理实施办法（试行）》以及《内蒙古自治区人民政府批转自治区水利厅关于黄河干流水权转换实施意见（试行）的通知》（内政字〔2004〕395

号）有关要求和规定，通过水权转换方式取得。

作为地表水资源严重短缺的生态环境脆弱区，在中国的经济社会发展版图中，长期以来，西部民族地区一直处于被忽视的边缘地区。面对经济社会发展长期滞后的历史现状，相较于中东部地区，西部民族地区工业化发展的压力与动力也更为迫切。[①] 水权转换是西部大开发与民族地区工业化背景之下地方政府应对水资源"瓶颈"的产物，也是黄河流域水权制度建设的适应与创新。在具体实践过程中，水权转换试图在现有的水权制度框架之下，通过将农业用水指标转换到工业上去，突破有限的黄河分水指标的限制。

在内蒙古西部地区，解决落户企业的最大限制条件便是工业的用水问题，因而，黄河用水指标被地方政府视为核心战略资源。水权转换的"发明"为民族地区工业化发展带来新的契机。各地政府开始积极通过"以水换工，以工赈农"的方式，加快推进工矿企业落户和地方工业化发展。在内蒙古，为转换更多的黄河用水指标来实现工矿企业落户，地方政府纷纷进行农业灌区的节水灌溉工程改造，并通过各种方式逐步缩减农业用水指标，从而保障工业用水和城镇用水的需要。水权转换成为黄河沿岸各级政府大力推动的事情。

二、水权转换与地方工业化的推进

清水区位于内蒙古西部的阿拉善盟，地处干旱的戈壁荒漠区，境内无地表径流，年平均降水量仅为147.5毫米，年均蒸发量则在3000毫米以上，地表水资源极度短缺。清水区是内蒙古较早开展水权转换的县（旗）。作为少数民族聚居的边境地区，由于基础设施建设滞后、生态环境脆弱、产业结构单一，因此，相比中东部地区，清水区的工业发展并不具备优势。在很长一段时间里，清水区都是内蒙古乃至全国经济条件较为落后的地区。因此，对清水区地方政府而言，能够在产业承接和产能转移的过程中加快地方工业化的进程，是实现区域经济持续快速发展的重要途径。然而，由于地处干旱的北部边疆地区，清水区水资源极度短缺，缺水成为制约地方工业发展的"瓶颈"，大量涉水企业因无取水指标无法立项。为了解决"水困"难题，2005年，清水区地方政府开始推行水权转换政策。得

81

---

① 牟本理：《论我国民族地区跨越式发展》，载《民族研究》2003年第6期。

益于水权转换，大批企业获得用水指标，具备了建厂落地的基础。

　　壮大清水区经济，关键在工业。我们必须强化工业的主导地位和企业的主体地位。发展靠投入、投入靠项目、项目靠招商。投资拉动、招商引资是我们的工作主题，今后，我们主要的精力要用于开发区的工业经济、招商引资等工作。我们要紧盯"长三角""珠三角""环渤海"等发达区域加大招商引资力度。要围绕项目储备、签约、落地和建设"四位一体"，力争在招商引资方面实现新突破，实现产业链条循环发展。[①]

产权制度建设的重要功能之一在于提高资源配置的效率，因此产权从低效率的部门或产业转让到高效率的部门或产业被视为一种"理性"的选择。在区域水权再分配过程中，清水区地方政府尽量将水权分配到高产出的行业和部门，以期实现水资源价值的最大化。换言之，工业产出远高于农业，因此，从农业往工业转换水权便成为提高水资源经济效益的手段之一。

　　总的来说也不能说农业没前途，但是地方总要考虑它的收入状况，你要养你的人啊。农业不但不收费，而且现在还要反哺。我们这种上10万亩地，1亩地就要返上100多块钱，一年就要返100多万。国家虽然会补贴一部分，但地方也要配套一部分，才能拿到国家这个钱。粮食直补、种子补贴、农机补贴加起来一亩地100多块钱。这也就是说，种地不仅不能给政府带来收入，反而会增加负担（访谈个案，NMQ20140831A）。

清水区水权转换指的是水资源使用权由农业到工业的转换。在这一过程中，需水工业项目单位对水权出让目标农业灌区进行投资，用以进行灌区节水改造工程，主要包括渠道衬砌和渠道建筑物改造两方面，而这些通过工程措施节省下来的水量，则可以转换给投资企业。水权转换的实质是工业高价向农业"买水"，注重的是水资源的经济资本属性（参见石腾飞：《"关系水权"与社区水资源治理——内蒙古查村的个案研究》，载《中国农村观察》2018年第1期）。据内蒙古自治区水利厅的估计，按照批准的

---

① 摘自清水区党委书记2014年1月在区党工委扩大会议上的讲话文件。

水权转换规划的水量分析，通过水权转换获得的用水工业项目可产生500—700亿元的工业增加值，比农业用水效益高出几百倍。同时，水权转换中的工农业水价的级差收益，也给当地政府带来可观的财政收益。

河套灌区吴县位于内蒙古巴彦淖尔市，地处我国干旱的西北高原，多年平均降雨量为130—210毫米，多年平均蒸发量2100—2300毫米。灌区水资源主要为过境黄河水，是典型的没有灌溉便没有农业的地区。河套灌区位于黄河上中游内蒙古段北岸的冲积平原，引黄控制面积1743万亩，现引黄有效灌溉面积861万亩，农业人口100余万人，是亚洲最大的一首制自流灌区和全国三个特大型灌区之一，也是国家和内蒙古自治区重要的商品粮油生产基地。①

在河套灌区吴县，水权转换主要体现为水资源使用权在不同区域间的转换。从2006年开始，内蒙古自治区政府在2004年水权转换意见的基础上，进一步明确提出"从巴彦淖尔市河套灌区农业用水指标中调整出3.6亿立方米，作为沿黄其他5盟市工业发展的后备水源"，文件要求"此次调整的3.6亿立方米工业用水指标，要严格按照水利部、黄委会、自治区政府有关文件的要求和规定，通过水权转换方式取得"。2008—2009年，自治区水利厅在下达《年度非汛期黄河可供耗水量分配计划的通知》中，将巴彦淖尔市可以获得的初始水权核定为36.4亿立方米。水权转换的实施改变了吴县水资源使用格局，原本吴县灌区一家独用、独占的水资源被沿黄其他5盟市分而用之，成为这5个盟市工业发展的资源支撑。

在水权转换的政府与企业的协商过程中，除了节水工程本身的投入，大规模节水改造项目的运行管理、大修、节水工程投入，加之社会生活经济效益补偿等，是一笔不小的开销。地方政府担心如果水费太高，工矿企业无利可图，就可能缩减规模，或者干脆不再上马。因此，为了引进企业和加快地方工业化的进程，在水市场的价格协商过程中，不打击企业的积极性是地方政府的重要原则。② 但即使如此，早在2008年，内蒙古使用期限为25年的水权就已经卖到每立方米7.5元的价格，要远高于农业灌溉的用水价格，这在整个黄河流域是最高的。

---

① 水利部黄河水利委员会：《内蒙古黄河灌区》，黄河网，http://www.yellowriver.gov.cn/hhyl/yhgq/201108/t20110813_101701.html。

② 李琰：《重分黄河水》，http://www.caijing.com.cn/2004-06-20/10003242.html，2004年6月20日。

除了工农业水价的级差收益，水权转换所带来的工矿企业落户与工业发展还会给当地政府带来可观的财政收益。据内蒙古自治区水利厅估计，2008年，按照批准的水权转换规划的水量分析，通过水权转换获得的用水工业项目可产生500—700亿的工业增加值，比农业用水效益高出几百倍。[1] 正是因为看到了水权转换所带来的巨大经济效益，地方政府开始大力推进地方工业化进程，强化招商引资力度。地方政府认为，通过水权转换，在提高灌溉保证率和灌溉效率基础之上大力发展农业节水，既能够保障国家粮食安全与农村经济社会发展，又能够加快工业发展与转变经济发展方式，从而实现区域经济社会的全面发展。在这样的背景之下，水权转换便得到一个合法化的诠释。

第二节　水权转换与农业发展困境

一、水权转换与农田灌溉的政府部门介入

根据水利部《初始水权分配制度改革指导意见》及《水量分配暂行办法》等文件的要求，地方政府需要将引黄灌溉的水权总量逐级分配到各乡（镇）、村，并按照各用水户耕地面积大小、人口多少等因素，将用水户作为最基本的水权分配单位，明晰到户，确权到户，最终实现"水权明晰"。[2] 然而在具体的实践过程中，对于农业灌溉水权的管理，地方政府并没有成立专门的职能部门负责，而是将区域灌溉水权的管理委托给区域内的水管部门负责执行。在这样一种关系格局中，地方政府设定区域水权管理的目标和政策取向，然后将任务"发包"给水管部门，水管部门扮演一个承包商的角色，并在其管辖范围内制定并实施具体的灌溉管理方案。

在内蒙古清水区，负责灌区灌溉水资源供给、农渠管理及水利工程运行维护等工作的水管单位为黄灌局。黄灌局隶属县级政府管辖，执行国家事业单位管理制度，职工工资、水利工程管理及检修费用均由自治区政府财政核定全额拨付。在水资源总量不变的前提下，工业用水量的增加则意味着农业用水量的减少。为了顺利推进水权转换，也为了在农业用水指标

---

① 内蒙古自治区水利厅：《努力践行科学发展观　深入推进水权转换》，鄂尔多斯在线，http://www.ordos.gov.cn/preview/ordossl/slgc/sqzh/200910/t20091029_93568.html，2009年10月29日。

② 袁文志等：《清水区灌区水权制度改革调研报告》，载《内蒙古水利》2013年第4期。

减少的情况下有效组织农业生产，地方政府将农业灌溉水资源的管理工作进一步委托给黄灌局代理执行。如何在资源总量减少的情况下组织农民开展灌溉是黄灌局需要攻克的难题。具体来看，黄灌局的灌溉水资源管理措施主要包括以下几类。

第一，定额灌溉。所谓定额灌溉指的是结合灌区总水量限制，基于不同的作物种类，进行差别式水资源分配。具体来说，玉米每亩配水540 立方米，西瓜 340 立方米，葵花 420 立方米。黄灌局根据不同作物生长周期内需水量的多少，规定作物的配水定额及灌溉时间，农户按照计划水方进行灌溉，如超过计划用水，超出部分水方累进加价收费。[①]因玉米耗水量高于西瓜和葵花，为了尽可能多的节余水资源，黄灌局限制灌区玉米种植比例，规定农户实际种植面积中，玉米所占比例不得超过 50%。同时，为了激发农民种植其他作物的积极性，将国家规定的原本每亩 70 元的玉米粮食补贴改变为玉米和葵花两者的结合，即在实际操作中，每亩玉米补贴 45 元，每亩葵花补贴 125 元，种葵花的粮食补贴要远高于种玉米。

第二，水票制。灌区供水实行水票制，无水票的用水单位和个人不能列到灌溉计划中，无法获得灌溉用水。水票就是水权，黄灌局通过水票制实现对农民用水权的控制和管理。每年春灌开始之前，农户须按相关要求按时向农民用水户协会申报种植面积、种植结构。用水户协会根据定额灌溉制度确定村庄用水量，然后在水管单位财务部门统一购买水票。水管单位根据灌溉供配水计划，将整个灌区水权分为春水和秋水两个时段，按照具体作物分四到五次供给，并根据划分好的灌溉时段分别预售水票。农民只有在购得了水票的前提下方能得到水权，如没能如期购得水票，则视为放弃水权。而水权的重新取得需要履行相应的罚款手续。

第三，轮灌与水量自动计量。在清水区，灌溉渠道分为干渠、支渠、斗渠、农渠、毛渠五大类。干渠主要负责将黄河水资源输送至灌区，支、斗、农渠在清水灌区内采用轮灌制度进行灌溉。在具体实践过程中，黄灌局设立三个水管所分别负责灌区 62 条斗渠所辖土地的灌溉事宜。三个

---

① 所谓累进加价收费，即灌溉用水超出计划用水在 20% 之内，超出计划用水部分的水方按 0.508 元/立方米收取水费；如果灌溉用水超出计划用水 20% 以上，超出计划用水 20% 的水方按 1.16 元/立方米收取水费。

水管所对各支渠所辖斗渠按输水能力、控制面积划分轮灌组，按划分的轮灌次序进行灌溉。轮灌制度反映出水权享有的先后顺序，轮灌渠道按照"先下游，后上游"的原则进行灌溉。当水在斗渠流动时，根据分配的水量、时间，农民轮流引水灌溉，通常的次序是从斗口到斗尾。如果农民在该轮次未能及时引水灌溉，就失去了这一轮的机会，必须等到下一轮才能取水。第一轮灌溉结束，水返回时，新的一轮从前一轮结束的地方开始。灌区采用自动计量无线传输系统、支渠量水闸门远程自动控制启闭设施等，对农民灌溉水量进行自动化计量和控制。水量自动化测量对水量的读取可精确到毫米。

第四，田间管理。黄灌局鉴于灌区单位灌溉面积较大的现实，推行缩小田块的田间管理措施，提倡一亩两畦、两亩三畦。所谓一亩两畦、两亩三畦指的是通过田间打埂的方式，将一亩地分为两块、两亩地分为三块。地块缩小后一方面平整起来容易，另一方面，在斗口施放水位一定的前提下，田块大灌溉速度慢，灌溉时间长，田块小灌溉速度快，有利于减少耗水量，加快灌溉时间，缩短灌溉轮期。

在中央政府主导的水权制度建设过程中，水权只是落实到县域政府这一层级，并没具体细分到农业社区与农民用水户，而是由县域政府代为管理与运作，并由黄灌局来具体落实。地方政府将农业用水指标转换出一部分给工业后，将剩余农业用水资源的管理委托给黄灌局。因为水权转换导致农业水资源不足，因此，黄灌局推行的农业水资源管理措施主要在于"节水"。一是通过缩减农业用水指标的方式直接实现，二是通过调整种植结构、灌溉方式、田间管理等方式间接实现。

由于水权转换导致农业用水减少，加之清水区黄灌局的农业节水方案会进一步限制农民生计。因此为了顺利推行水权转换，也为了解决农牧民生计问题，清水区政府承诺帮助农牧民进行产业转移，通过工业吸收劳动力的方式，实现农牧民增收。然而，通过在清水区的调查，课题组发现，现实的情况却是：工业发展并未像预期的那样有效反哺农牧业，反而使农牧民陷入发展困境。

二、内蒙古西部灌区的农业节水实践

基于课题组对内蒙古河套灌区吴县的实地调查发现，在灌区水资源开发利用过程中，与清水区案例类似，水权转换在具体实践过程中同样演化为农业节水。而与清水区不同的是，吴县水管局事业单位企业化经营的性质定位使其面临角色冲突。吴县水管局不具有水行政职能，自收自支，主要负责吴县的水利工程规划、设计、建设与管理，以及吴县灌区的灌排管理等工作。在这种情况下，吴县农业节水主要通过水费改革等经济手段推动。由于吴县水管局属于企业化经营的事业单位，因此，单位运营需靠自收自支，地方财政只负责配套田间管理费和岁修管理费，机构人员工资发放等其他费用完全由单位自身解决。

> 现在国家对我们水管局的性质规定为事业性质企业管理，就是你需要承担很多公共服务功能，但是又让自收自支。国家不给拨款，国务院水管体制改革，按理说应该是给拨款，但地方财政经费有限正在改革，公益性的地方财政要负担多少，自收自支的能解决多少，还有工程维护这一块人员经费等，三块解决灌区人员的工资。但是因为目前国家承担很少一部分，现在的水费已经满足不了灌区的需要。人员工资主要靠水费，工程维护就不够了，水费只能保障一方了（访谈个案，NMW20130823B）。

我国传统的事业单位体制是计划经济与高度集权管理体制下的产物，政府通过设立事业单位向社会提供产品和服务。在近些年的改革中，基于政府财力约束以及部分事业单位的服务和产品不具公益性的特点，政府对一些事业单位实施了"企业化"转制改革，将一些承担社会公益职能的单位推向市场，虽保留事业单位性质，但对其实施企业化管理，经费也由财政拨款改为单位自谋。[①] 吴县水管局的这样一种性质定位，十分考验其自身在市场上的生存能力。水权转换政策实施以后，国家对水管局在吴县灌区治理中的主要任务要求是"节水"，而吴县农业节水主要通过经济手段推进。

（一）亩次计费与"大锅饭"

由于水权转换的实行和黄河分水指标的紧迫性，2000年初，河灌总局推出了亩次计费，2006年河套灌区当地市政府也明确提出全面推行亩次计

---

① 事业单位体制改革研究课题组：《事业单位体制改革中需研究解决的几个原则性问题》，载《管理世界》2003年第1期。

费。水管单位将对农业用水的控制转换为水费收取方式的变化。在水管单位看来，长久以来"大锅饭式"的浇地并不利于农户的节水行为，[①] 水费分摊、责任分散的心理难以保障节水的顺利实行。2000 年初，河套灌区在吸收其他地区的经验之后，水管单位推行亩次计费作为解决农民合理负担水费、形成节约用水行为的有效途径，吴县所辖村落也实行了亩次计费。2006 年河灌总局代行政府起草了《巴彦淖尔市完善群管水利体制改革全面推行亩次计费的实施意见》和《河套灌区开展面积核查全面推进亩次计费实施意见的通知》的有关文件。

亩次计费，即是按轮次所供水量和作物浇灌的次数，[②] 以户核准灌溉亩次，按亩次分摊水费。亩次计费在实行之初就有完备的流程和制度。

实施亩次计费、轮次收费管理流程

整个管理过程需要抓好以下五个环节，即申报、核定、举报、验证、处罚。

申报：一是用水户以斗渠申报各种作物的种植面积；二是用水户如实申报多浇或少浇核定作物需水次数，申报必须是在行水期间或是停水一天之内进行，否则申报无效。

核定：一是核定各种作物生长过程中的需水次数；二是核定秋浇地的次数，秋浇每浇一亩核定两个轮次；三是核定春浇干地的次数，每浇一亩干地核定一个轮次；四是浇热水地的核定，[③] 每浇一亩核定十个轮次；五是预留干地比例的核定，多浇一亩预留干地核定十个轮次。

举报：一是举报某用水户申报各种作物与实际面积不符的；二是举报某用水户多浇不报的，但举报必须是在行水期间或是停水一天之内进行，否则举报无效。

验证：一是验证举报申报面积与实际面积不符的；二是实地验证举报的"申报多浇或少浇的地亩"，验证必须由当事人、管渠人员和

---

① 大锅饭：是当地人的称呼，实则指在水费收取的标准，调研地中一般水费收取以小队为单位，每个小队的水费任务按亩均摊之后，便是每亩的价钱，每家再根据亩数乘以每亩的价格便是要上缴的水费。由于收缴不考虑农户用水量的差异，因此当地人形象地称之为"大锅饭"。

② 轮次，意为每亩地行水期间需要浇几轮水，每浇一轮水称之为一个轮次。根据作物种类的不同，需水量不一，最终每种作物的浇灌次数也不一样。

③ 热水地，需要春浇的田地。

用水小组长参加，多浇者由本人签字，少浇者由用水小组长签字。

处罚：一是多浇不申报，多浇什么作物，按该作物核定亩次的两倍计算，进行处罚；二是用水户申报种植面积与实际种植面积不相符，每错报一亩按一亩小麦核定的亩次计算进行处罚；三是秋浇两亩以下的地块不允许秋浇，每浇一亩按十个轮次计算进行处罚；四是多浇一亩预留干地按十个亩轮次计算进行处罚。

亩次计费作为一种计收水费的方式，从理论上来讲是公正合理的。但从上述的制度及流程来看，亩次计费的合理化操作需要建立在较为精细的工作基础之上，对从事该项工作的人员素质有一定的要求，比如需要计算人有一定的知识水平和耐心。然而，课题组在实地调查中发现，能够完备掌握一套亩次计费计数方法的人屈指可数。计数人一般多为本村的会计或者自然村村长，他们大都年龄较大，文化水平不高。在调研的二十多个自然村中，仅有三人能清楚地道出亩次计费的计数细节和来龙去脉。其余都是大致估算，无法保障亩次计费的精准度。于是，亩次计费的理论合理性与实践中的难操作性在现实中转化为另一种不公平。亩次计费实行之后，合理计费的问题并未获得彻底解决，反而由于其人为性和可操作性复杂加深了农户对这一方法的抵制。农村的人情操作与不公允使得亩次计费难以为继，最终导致了亩次计费的瓦解。

在"节水"目标总的要求之下，河灌总局在水费管理方面也进行了改革，变长久以来的均摊式收取水费为亩次计费。然而亩次计费理论上的合情合理却遭遇了现实当中的操作困境，亩次计费实行之初，也曾发生过节水行为，"刚开始实行的几年里面确实是节水了，像民渠由 150 个流量降为 130 个流量，但是我们看到这种情况反而不敢坚持说要真节水了，节水等于水费减少，单位怎么运转"（河灌总局某工作人员）。可以看出由于节水对水管单位的效益冲击，加之亩次计费的操作难度，最终使得吴县亩次计费的推行在高调宣传中走向衰落，目前吴县的大部分农村仍然实行均摊式水费收取方式，即采取"大锅饭"的形式。

（二）水费改革与水费征收

目前河套灌区的农业水价主要由两部分构成，国管水价和群管水价。国管水价主要是按照《水利工程供水价格管理办法》《水利工程管理单位

财务管理制度》《水利工程供水价格核算规范》《水利工程供水定价成本监审办法》等文件规定进行核算，经过相关部门的审批之后，最终由市政府根据实际情况决定。国管水价主要包括人员工资及人员的各项保障费用，上缴黄河管理局的原水费、燃料动力费等各种消耗费用等。群管水费主要包括群管人员管水期间的工资补贴、群管工程日常维修费及群管渠道清淤等费用。

　　由于水管单位的企业化经营，收取水费在其工作中占有很大的比重。收取水费就成了水管单位的主要经费来源和资源获取渠道，水管单位与农户的互动也多是围绕着水费在进行。2000年后，河套灌区确立了计划内用水水价和超计划用水水价两种水费计收方法。灌区水价在2000年前后大致经历了如下变化。1999—2009年，灌区国管水价一直执行4分/立方米的标准。2010年开始，水价调整为5.3分/立方米，其中夏秋灌的指标内用水水价4.94分/立方米，超指标用水6.2分/立方米，秋浇指标内用水水价6.2分/立方米，超指标用水9.3分/立方米。2011年，三时段指标内水价均统一为5.3分/立方米，超指标用水均统一为10.6分/立方米。2012年在征收水费的基础上，对超指标用水加收2阶梯水资源费：超指标用水20%以内部分按4分/立方米征收，超指标20%以上部分按6分/立方米征收。2013年，全面落实自治区关于超用水4阶梯加收水资源费的政策。可以详见，从2010年开始尽管基础水价并未发生大的变化，但是水资源费的加收，使得农业用水水价有了较大的提升。水资源费收取之后，总水价＝计划内水费（春夏灌、秋灌、秋浇三个时段之和）＋超指标用水水资源费（三个时段之和）。[①] 比如，某灌域国管渠道上开口的群管渠道为三支渠，渠道级别为小支，直口水量折算到斗口水量的系数为0.8，[②] 分摊水费的面积为1万亩，水管单位分配该渠春夏灌指标内用水量为100万立方米，而实际用了200万立方米，那么该渠春夏灌时段水费的计算即是：该渠春夏灌农业供水水费＝100万立方米（指标内水量）×0.8×530元/万立方米+100万立方米（超指标水量）×0.8×1006元/万立方米=42400+80480=

---

①　秋灌为9月30日前为下年保墒灌溉用水，秋浇为10月份之后来年储墒水。保墒是因为旱不适时，保住土壤水分墒情即可，储墒就是11月份气候变冷土壤解冻，储藏下水，为明年留下水分方便耕种。通俗来说，保墒地就是早浇的地，储墒地则是晚浇的地。保墒地冬季地里没冰，储墒地可能冬季上冻存冰。

②　在计量水价时，每个渠口的级别不一样，系数也不一样。

122880元。该渠春夏灌超指标用水水资源费=20万立方米（超指标用水量）×400元/万方+20万方×600元/万方+20万方/800元/万方+40万方×1000元/万方=8000+12000+16000+40000=76000元。该渠春夏灌总水费=122880+76000=198880元。春夏灌亩均水费=198880÷10000=19.89元/亩。秋灌、秋浇水费计算方法与上述相同，这样该渠全年总水费即为春夏灌水费、秋灌水费和秋浇水费之和。可以看出，尽管基础水价并没有大的变化，但是通过调控计划内用水和超计划用水的比例可以达到涨价的目的。

黄河总水量的分配及水权转换的实施，直接对河套灌区水量分配产生影响，而对于水管单位河灌总局而言，其企业化经营的性质必然导致其对水费总量的关注，这样水费改革也成了应有之义，必然之举。随着物价上涨、消费水平提高和社会发展，水管单位水费改革的形式也在发生着变化，由全年计划内外用水水价不等，过渡到细化三季用水，[①] 再到水资源费的征收，其中水资源费又由2阶计算变为4阶。水管单位对水价内容的不断调整和细化，是国家在新时期对河套灌区节水目标要求的内在转换。国家通过控制水量达到对农田建设"节水"管理的目的，而具体到河套地区水管单位，则是通过层出不穷的水价改革形成有限水量内的价格保障。

三、吴县的水权转换与农业发展困境

（一）种植结构单一与农户市场风险

在吴县，农业节水导致灌溉水资源短缺，农户种植结构受到很大影响。小麦和玉米历来是河套灌区主要的粮食作物。2004年前后，农户逐渐感到水情的严峻。小麦属于高需水作物，且需要及时灌溉，水资源短缺导致小麦收成无法保障。因此吴县农民逐渐放弃了小麦的种植，葵花成为吴县的主要经济作物。吴县种植葵花品种主要为美葵。美葵区别于传统的自留籽种的葵花，美葵没有种子，需要每年购买种子种植。在吴县，美葵的引进一方面是因为经济效益，另一方面是美葵的需水量不大。一般来讲，除泡空地春浇之外，葵花生长期间只需浇一次水即可。

---

① 细化三季用水，主要指2010年开始规定，夏秋灌的指标内用水水价4.94分/立方米，超指标用水6.2分/立方米；秋浇指标内用水水价6.2分/立方米，超指标用水9.3分/立方米。（计划内用水水费）

美葵的大面积引进导致农户种植结构单一，且昂贵的化肥和籽种价钱使农户的种植成本越来越高。农户缺乏相应的经验知识识别市场上繁杂的美葵籽种，品种的选择倚靠运气，这些都造成了农户的种植风险。单一的种植结构，使得农户的全部收入依赖于单一作物，美葵若遭遇与灌溉条件或天气变化不相适宜的条件，农户则有可能面临很大的风险。

小麦将近四五年都不能种了，种小麦以前还能打一千斤，现在只能打四五百斤，不能种，只能自己买着吃。河套面粉吃着劲道，现在我们都是自己买着吃，水情不好，农民自己都吃不到引以为豪的河套面粉，市场上的面粉肯定掺假了，口感不行。水能供应上的时候哪家都种十几亩，咱们这也有好地适宜种植小麦，就是没有水。种葵花倒是效益比小麦好，可是过几年苗就死的不行，苗一旦死开就开始倒茬。倒茬一般就种葫芦、番茄、籽瓜、有时种点小麦。咱们这基本上大部分都是葵花，你看着种其他品种的都是为了倒茬。

葵花怕水小，有时候水太小怕把葵花沤死就干脆不淌了。① 玉米不怕，然后就只淌玉米，玉米一般主要是作为自家羊的饲料。自从去年开始，水就更小了，想种点麦子种不上，水赶不上。正用水没水，不用了水来了。② 麦子头一水是四月份，过了几天该浇水了它又来不了，所以不能种。

咱们这不像山区地方，希望下雨，咱们是怕下大雨，一涝了就完了。去年下了一场大雨，葵花全死了，农民都损失了。但是来水的时候谁也不敢不浇，大部分时候这雨少，所以有没有雨水我们一般都会浇。葵花刚开始价格四块多，等晚些到时候都下来价钱就成三块多一斤了。不过葵花价格总体比较稳定，每年吴县有农贸市场，都有收的。现在吴县80%的葵花是卖往那里的，这个市场比较有保障，基本影响着全国葵花的价钱。所以我们的价钱也比较有保障。这几年葵花死得厉害，倒茬吧种啥？种葫芦籽吧，去年倒是挺好一斤六七块。今年种的人太多，没敢种，万一卖上三四块钱就还不如葵花。葫芦籽瓜市场不知道多少年才起一回。番茄一吨500元，一

---

① 沤死，意为浇得太多，可能会把葵花浇死的意思。
② 因为水管单位放水，是轮流放水，因为有总水量的控制，农户行水期间为依次放水。因此，总有部分区域浇水不是适时水。

亩产五六吨。有一年弄得人们卖不了后来就不种了。如果种植蜜瓜一类的经济作物，收成好的时候倒是收益不错，但是咱们这没有统一稳定的市场，一般种也只是少部分种植，不敢大面积种植，风险太高。葵花相对来说比较稳定，所以基本上种植的都是葵花（访谈个案，NMW20130825）。

从上面的访谈中，我们看到，在节水目标之下，吴县可用水量在2000年后逐渐减少且水情不稳。灌溉来水与农户传统作物浇地时间的不完全吻合，导致农户种植的作物发生变化，市场上推出的节水品种——美葵，对农户生活的垄断使得农户越来越单一地依赖于这一作物。从某种程度上说，这一作物既是在水势不佳的情况之下对农户的挽救，但同时也绑架了农户的种植生活。表面上美葵的节水效能与相对完备的市场保障，使农户别无他法亦"无怨无悔"地选择了美葵的种植，只有在葵花成活率极低的情况下才给其他作物以种植空间。实则却导致了农户种植结构的单一与市场对农户的控制。调研中发现吴县除种植葵花之外，玉米其实算是其他作物当中收成比较有保障的作物，但农户仍然坚持大面积种植葵花。

93

农民都是各自为政，按理说玉米的收成也不错。但是没法大面积种植玉米，玉米对水量的要求高。水如果无法保障的话，没法保证收成。这两年的水来得不及时，种小麦肯定是有点耽搁，但种点玉米晚上受点罪浇水的话是可以保障的。可是玉米和葵花不一样，玉米不需要春浇，葵花需要春浇。大部分地里种的都是葵花，只有少部分土地用来种植玉米，全种玉米的话旁边葵花地的春浇会渗入玉米地当中，影响玉米的种植。所以按理说玉米本来收益也差不多，可是没人大面积种植，都是种一点用于自己家的饲料。

自美葵出来以后，水情一年不如一年。说来也奇怪，不知道水量没有保障和美葵的引进有没有关系。反正美葵引进以后，我们基本上就别无选择了。第一是它价格还可以，而且现在水情不好的情况下正好它需水量也不大。可是美葵的籽很贵，一个坑只敢放一粒。如果苗死的不行，就换种别的美葵籽种，现在市场上籽种很多，我们也搞不清楚哪种产量高能不死苗，只能是看别人用的效果或者自己碰运气。但是不管怎样只能换美葵的籽种，换来换去还是美葵，不可能种植别的东西（访谈个案，NMW20140801A）。

　　小麦作为河套灌区传统的种植作物，由于用水量无法保障小麦的正常种植，因而其首当其冲地受到了影响。与此同时，市场上的美葵应运而生。尽管美葵有着较为稳定的市场保障，但由于农户对其过于依赖，最终导致农户的种植结构单一，因此，由节水所引发的种植结构变化实则给农户的种植生活带来了不可避免的市场风险和种植危机。

　　由国家整体性治理出发的黄河分水方案及"节水"举措，在地方演变为水权转换，进而通过水管单位的"节水"管理影响农户的种植结构。其中体现出国家在农田建设灌溉管理当中的层级治理，国家正是通过自上而下的政策制定、政策转换及实践实现了在农田水利灌溉当中的治理。在吴县，围绕"节水"目标的实现，水管单位推出了水费改革、亩次计费等一系列措施。但由于亩次计费运行本身所需要的条件不足，最终亩次计费夭折，经由亩次计费实现节约用水的路径以失败告终。"节水"目标之下，河套灌区的种植结构也做出了相应的调整，这一调整对农户的生活产生了极大的影响，最终导致农户的生活被市场所操控，风险加大。

（二）水费改革与乡镇政府、农户间的矛盾

　　随着水管局推行的水费改革方案推行，村民水费提高明显，这直接导致农民在灌溉过程中的"搭便车"现象。由于灌溉渠系走向自上而下，下游村民成功施灌必然需要经过上游村民的田地。这样，无论上游村民是否交付水费，只要下游村民浇水，便可以成功实现浇地。因此，很多中上游农户以及部分"钉子户"借机拒交水费，造成水费上缴率低，水费难以缴纳现象。然而，问题还远不止于此。水费改革后，农户趁机将缴纳水费作为要求解决社会矛盾和社会问题的筹码，使水费附带了超乎其本身的诸多内容。

　　这两年水费涨得也确实有点快，有的人他也不是不交，就是拿着水费让你给解决问题。比如许多是历史遗留问题，现在没办法动。但他就拿着水费说事，现在水费的作用可大了。现在村里面不管什么问题都拿水费说事，这迟早会出问题的（访谈个案，NMW20140807A）。

　　管理所主要是负责调水配水，水利上一直就是端着团团碗。他们只管收水费，其他的矛盾都转化给了地方政府。农民不交水费水利部门可以给闸住水，但是乡镇政府需要维稳，如果大家都浇不上水肯定

要出问题,对于乡镇政府来说最大的问题就是维稳。县里给镇里下了维稳的任务,对于我们来说老百姓的水是大事,村民有什么矛盾都是找政府。而且人们习惯上把什么事都认为是农民和政府的事情,有什么事情老百姓从来都不去找水管局,认为我找他们干嘛?有什么事情都会找政府(访谈个案,NMW20140814A)。

虽然灌溉管理活动应由水管局负责,但在现实场景中,与清水区案例类似,但凡发生水事上的矛盾与冲突,农户都会倾向于寻找地方政府解决。水费作为所有税费取消之后唯一不可能取消的费种,也是政府与农户之间发生的唯一一类大的经济关系。农户对于水管局的认识主要止于"收水费单位",掌握着他们最重要的灌溉水源。而地方政府却与之不同,在"所有事情都是民众和政府的事情"思维指引下,农户将水事也看作是农户与政府之间的事情。由水费改革带来的亩摊水费上涨,农户则会将责任归结为政府。节水由水管局负责,水因水管局而起,而现实当中却出现了水管局在用水事宜上仅负责灌溉用水和收缴水费,由水事引发出来的一切社会问题甚至水事问题本身的解决都交由乡镇政府处理的局面。

税费改革后,乡镇政府服务职能转变,维持社会稳定成为工作重点。换言之,税费改革挤压了地方政府在农田灌溉管理上的活动空间与行动能力,但是,却并没有减轻地方政府维持乡村社会稳定与提供公共产品的压力。压力型的政治体制①迫使地方政府在完成上级交付的各项政治、社会与经济任务的同时,还得保持对乡村社会的治理。而水情、水费等水事又直接关系着农村社会的稳定,政府陷入"不得不管"的境地。最终,由水管局推行的水价改革、灌溉用水等引起的一切事端在现实当中遭遇了"问题转嫁",农户"遇事找政府"的逻辑将水事带来的问题顺理成章地转移为农户与政府之间的问题。乡镇政府在维稳的压力之下,既需要对水事状况进行解决,同时由于在水事上的权力限制造成乡镇政府在解决问题上的无力感,导致农田灌溉管理陷入困境。

---

① 欧阳静:《压力型体制与乡镇的策略主义逻辑》,载《经济社会体制比较》2011年第3期;杨雪冬:《压力型体制——一个概念的简明史》,载《社会科学》2012年第11期。

第三节 水资源开发与环境退化

一、水权转换与重化工企业入驻

在政府大搞工业化的话语模式下，各种针对农业的限水限种等政策席卷而来，工业建设一路绿灯大开。然而，现实的情况仿佛是一场工业化的幻觉。在内蒙古西部地区，清洁产业的发展需要较高的技术投入，且投资见效期长。很多企业仅是签订了前期意向书，并没有真正到园区建厂投产，而真正落地生根的企业大部分为重化工、重污染企业。

通过对工业园区调研发现，园区大部分工人都不是清水区本地人，而是跟着企业老板一起从外地过来打工的。

> 我们这边根本就没地方打工，人家工程上有什么项目就直接在外面带人进来，现在那边的工人都是包工头在外面带来的。我们都是放牧的嘛，重活干不下。再加上工资也低，带过来的人要的工资低，我们这边的人工资高。像在我们这边打工工资都给到150块钱，他们那边好像才开的80块钱，管吃管住，一个月2000。像我们人口这么多，一月2000块钱你说够不够，娃娃还得上学。即使一个月5000也不够呢，娃娃上学补课，老人还都是病，一年消费也了不得（访谈个案，NMQ20130717B）。

> 打工没有保障，干上一个月半个月的就回家了，厂子效益好的工资还能给发一点，厂子效益不好的连工资都发不了，现在就没人干这个。有的虽然工资高，但是干上一两个月就不干了，停产了，这样就没意思嘛，没人干，效益不好，慢慢人就精简掉。要是真的是那种效益好的，能干长久的，当然行了。再说干那个不自由，束缚得很，我们一辈子放牧，自由惯了（访谈个案，NMQ20130716A）。

> 农民就是个种地的，你不让他种地他能干啥，打工像我们小一点的农民都四十了，哪有地方打工，你也打不动。你起码政府想干什么得先有个安排，不让种地是让我们学学技术呢还是怎么样，你得有个安排，不过像我们四五十岁的学技术也学不会，你说咋弄（访谈个

96

案，NMQ20130731E）。

搞副业，有主业有副业，但是农民的主业就得是种地，其他的是副业。你给我们安排进厂子，即使一月1000块钱也行呢，但是得是长期的、稳定的。像我现在40岁的人，没文化，不会电脑什么的，你能给我安排到60岁吗？在我们这边是不现实的事情。我一年种地挣个6万块钱，要是打工，我们两口人一个月得挣6000元，一年才能挣6万元，谁愿意一个月给我3000元，肯定没有，我们要手艺没手艺，要文化没文化，人上了这个岁数谁都一样（访谈个案，NMQ20140802F）。

通过访谈，课题组了解到，本地人鲜有到园区工作的主要原因有二。首先，工业园区不愿意招收本地工人。工业园区企业大多为省外投资，它们通常带着本省内的工人到园区工作，且自己带过来的工人工资水平相对较低。其次，村民自身不愿意到园区工作。而至于村民自己不愿意到园区工作的原因大抵包括以下四点：第一，与村民平时在农田上或者打散工相比，园区工资相对较低；第二，园区工作量大，耗费体力多，并且有严格的上下班时间限制，长期以放牧、种地为生，自由惯了的农牧民不习惯如此高强度、受束缚的工作模式；第三，农民自身不具备在园区工作的条件。作为一个移民开发区，在发展二十多年后，村内中坚力量大多已经40岁以上，对于这个年纪的人来说，既缺少文化，也没技能，缺乏成为技术工人的条件；第四，园区企业经营不稳定，受各种因素影响大，保障性差。基于以上种种原因，农民的就业权就在这种主动与被动双重裹挟的局面中被消解。

当成为产业工人、赴工厂打工的方式无法实现农民的就业权，地方政府又发展出企业项目入股的方式，以期保障农民水权出让后最基本的生存权。2012年1月，某公司与清水区合作签署《战略合作框架协议》，拟在清水区工业园区投资石头造纸加工项目。根据协议，清水区根据项目投资规模和加工要求，提供相应的项目建设用地，并给予一定的优惠。同时，根据公司项目投资金额，如达到清水区的政策要求，可为公司项目申报相应的煤炭资源配套，这也就是政府号召村民入股的项目。但是这种入股的方式并没有得到村民的支持，鲜有村民参与到此项目当中。

上次开会说让投资那个造纸厂，让老百姓一户出10万元入股，以

后厂家赚钱了再分红给我们，那如果不成功呢，都塌掉了呢，这10万块钱不就白投了吗。再个问题是你造出来的纸往哪里销，没有销售地点，说是让我们自己找销售地，我们去哪里找。还有造出那个纸，弄得像画子一样，这些都得我们自己弄，让我们自己买机子安那个绒。现在没人干，谁干那个，一家子羊全卖了，卖个十万八万，投资到那里面，最后全都赔掉了，你说怎么办（访谈个案，NMQ20130715A）。

二、工业化与内蒙古西部地区的生态环境问题

水权转换被视为一种工业反哺农业的方式，获得水权的企业需要出资进行农业节水设施改造，以促进传统农业的现代化转型。同时，为了实现农牧民的转产增收和加快工业发展，地方政府承诺帮助农民转产增收。然而，现实中的水权转换异化为对农业的节水行为，不但农民权益受损，而且依靠水权转换引进了一批污染企业，造成清水区的资源与环境危机。

在这一过程中，农牧民不仅成为地方工业化的旁观者，资源的出让者，还是工业污染的受害者，造成环境不公正问题。在中东部地区资本与产业的承接过程中，内蒙古西部地区除了引进一部分以资源开发为主导的工矿企业之外，还承接了一批高污染、高能耗的化工企业。许多前来投资的企业并不进行固定资产投资，而是希望以"投资"来获得矿产资源的开采权。而随着牧民的离开，牧区的环境污染问题也日渐凸显。开矿过程中需要大量的水资源来洗矿，印染、造纸、重化工业还会产生大量废水和残渣。调查过程中了解到，为减少治污成本与方便排污，部分企业在沙漠腹地修建了化工污水池，将不经处理的工业污水直接排放到沙漠里，并将污染沉淀物直接填埋入沙漠。污水渗入地下土层在带来土壤和地下水资源污染的同时，也直接影响到周边农牧民和牧畜的饮用水源。

对经济社会发展落后的西部地区而言，能够在产业承接和产能转移的过程中加快地方工业化进程，是实现区域经济快速发展的重要途径。但客观来讲，因为经济发展不均衡，当前我国民族地区的"跨越式发展"确实在一定程度上承接了中东部地区的现代化建设成本，呈现出经济发展与环境破坏同时发生的现象。这种依靠矿产资源开发、高耗能、高污染的工业化发展模式很难和原有的经济社会结构相配套，也缺乏对民族地区历史文化传统与资源环境特性的关注，从而形成一种"脱嵌式"的地方工业化发

展模式，造成环境与社会危机的再生产。[①]

三、工业化进程中的水资源危机

在年降雨量不足 300 毫米，蒸发量却超过 2000 毫米的清水区，生态用水对灌区经济社会可持续发展具有特殊意义。然而，水权转换及节水灌溉工程却加大了灌区的灌溉用水危机与生态用水危机。

按照水权转换的思路，水权转换地政府应该从强耗水工业项目中提取相应的资金，用于农民渠道衬砌等节水改造工程建设。但通过在清水区的实地调查，课题组发现，实际的情况却是工业用水得到了保障，节水灌溉工程的资金却没有得到落实，农民渠道衬砌情况并不理想。渠道衬砌主要指的是将农民用于输水、灌溉的土渠通过重新整修，建设成水泥渠的做法，范围涉及清水区整个输水干线上的所有干渠、支渠、斗渠和农渠，而对于农民而言，与之最为相关的主要是自家田间农渠的衬砌。在灌区，农民渠道衬砌款项来源包括两种，一种是国家的农田治理项目款，另一种就是以水权转换的方式由企业投资的项目款。暂且不谈国家的农田整治款项，单就水权转换企业投资情况来看，农民并没能获得预期的回报。

99

> 我们家修水泥渠花了 15000 元呢，整个渠修下来一米是 17 元钱，自己掏 5 元。你看这一条渠 600 米 700 米，四五条渠呢，你算得多少钱。这边这条渠是去年修的，那边的是以前修的。以前修的那个一米 7.5 元，那时候板子好，厚，修出来的质量高，现在这个就不行，都是豆腐渣，质量不行，太薄了，淌水的时候漏水。这个水泥渠确实管用，省水，省工。以前那个土渠不光不省水，还长草，那时候谁的渠上没有草啊。不光长草，我们还都自己修那个泥口子，有的那个口子，比我身高还深，一三轮车的土倒进去都还填不了，淌水你必须把这个坑填住（访谈个案，NMQ20130728C）。

以 WST 热电厂水权转换为例。2005 年，清水区水电管理局与 WST 电厂签订水权转换协议，承诺每年向 WST 电厂有偿转让 340 万立方米引黄指标，水权转换期限为 25 年。作为条件，WST 电厂为出让水权的农民提供

---

① 王旭辉、包智明：《脱嵌型资源开发与民族地区的跨越式发展困境——基于四个关系性难题的探讨》，载《云南民族大学学报》（哲学社会科学版）2013 年第 5 期。

17.33 千米的支渠和 249 千米的农渠渠道衬砌资金。但是，这一部分资金不直接补贴给农民，而是纳入地方政府财政，使用权交由地方政府调配。然而，自 1994 年分税制改革后，地方政府的财政收入来源减少，尤其是 2006 年取消农业税后，地方政府能够获得和支配的财政收入进一步减少。调查发现，在清水区节水改造工程的具体运作过程中，资金被不同利益部门分割，最终分配到农田水利建设方面的款项已经不足以保障渠道衬砌的顺利开展，落实到农民渠道衬砌上的钱更是不足以支撑农民先期上报的米数。

综合看来，每衬砌一亩农渠需花费 17 元，最终地方政府以自身出资 12 元，农民出资 5 元的比例落实灌区渠道衬砌工作。然而，5 元/米的农渠建设费用对本就收入微薄的农民造成较大的资金压力。倘若以每户 50 亩地①、每亩地 20 米的渠道长度计算，单一户农民就需要为渠道衬砌拿出 5000 元钱。虽然农民普遍反映，衬砌过的渠道确实能达到省水、省工的效果，以前的土渠输水过程中渗漏严重，而且容易生长杂草，增加农民灌溉过程中人力和财力资本的投入。② 但是因为水权转换资金被不同部门占用，普通农户无力支付渠道衬砌款项，最终导致自身利益受损。2013 年课题组调研期间，整个灌区，尚有 1/3 农渠没有进行渠道衬砌。

清水区是一个生态移民区，该地区为草原向荒漠、半荒漠草原过渡地带，气候干旱，植被稀少，沙漠与草原交错分布，风沙灾害盛行，是内蒙古高原风沙灾害最严重的地区。1994 年，饱受草场破坏、生态恶化困扰的周边牧民，在政府统一组织下搬迁到清水区，转变生产方式，进行农业开发。清水区开荒初期，防风带尚未修建，风沙灾害严重。恶劣的自然条件对移民的生产生活造成极大影响。按照当初移民自身的说法，开发初期，清水区是"一年四季一场风，从春刮到冬"。在当时，农作物被肆虐的风沙吹打、掩埋，造成歉收、绝收是常有的现象。1995 年在林业部门的组织下，清水区开始大力营造农田防护林，这些防护林大多建在村民的田埂上。在村民的辛勤努力下，短短几年，清水区林网格局已成规模，这有效

---

① 造成清水区人均土地偏高的原因主要在于清水区农业生产的特点：广种薄收。清水区地处西北干旱的荒漠草原带，全年风沙大，干旱少雨；同时当地土层薄、沙子大，土地质量差。这样农民只能扩大种植面积，以规模求效益。但是种植面积扩大需要更多的农资投入，在清水区种地，生产投入相当大。

② 石腾飞：《西部民族地区工业化进程中的水资源问题——基于内蒙古清水区的实证研究》，载《绿叶》2015 年第 3 期。

遏制了风沙的侵害。

然而，水权转换实施之后，政府开始限制农业用水，造成村民灌溉水源紧张。为了防止自家农田周围的农防林跟庄稼争水争肥，有些村民便开始乱砍乱伐树木，放火烧草烧树，在林地放牧牲畜啃坏林木等，以此来破坏农防林。此外，节水灌溉和混凝土护面、浆砌石衬砌、塑料薄膜等多种方法的渠道防渗工程改造，在加快输水速度、提高灌溉效率的同时，也使输配水过程中的跑漏损失和田间灌水过程的深层渗漏减少，从而影响生态水的补给。

由于生态用水危机，渠道周边的防风林体系得不到有效的供水，渠道旁布满了因缺水而枯死的树木。防风林体系的损毁，使灌区重新暴露在风沙等自然灾害面前，很多耕地因风沙过大而减产，甚至无法耕种。因此，我们需要对过分强调节水背后所潜伏的生态链条断裂危机予以充分重视。

第四节　总结与讨论

水善利万物而不争。在蒸发旺盛、水资源严重短缺的西部民族地区，如何合理开发利用有限的水资源，实现工业、农业以及生态用水之间的有效供给与动态平衡，是西部民族地区现代化建设过程中的核心要义。改革开放以来，国家在西部民族地区确立了资源开发导向的工业化发展战略，西部民族地区自身也制定了以能源和原材料开发为核心的工业化道路。面对这些强耗水工业，相关水资源开发利用的政策设计和具体实践被创造出来。以水资源开发利用为契机，通过农业节水支持工业发展，工业投资反哺农业的地区经济发展方式，表面上看起来应该是一条资源整合与工农业良性发展的共同富裕之路。然而，基于清水区和吴县的水资源开发所带来的环境问题和社会发展困境的案例，我们看到，以破解工业"水困"难题创造出来的水权转换等水资源开发政策，虽然有效推动了地方工业化的发展，但这种发展模式却引发了工农业用水之争，对水资源的可持续利用与自然生态环境产生了不利影响。

在内蒙古西部地区，通过水权转换，地方政府将稀缺的水资源从农业配置到工业领域，走向以水资源开发和出让为导向的地方工业化发展模式。然而，水权转换政策的实践过程是一个由中央政府、地方政府、工矿企业、村庄社区与农户等多元社会主体共同参与的过程。在复杂互动关系的背后是由政府力量、市场力量以及农民所形成的权力和利益网络。由于多元利益相关者之间话语权力与利益诉求不对等，在水权转换过程中，地方政府与企业间的利益联盟、政府内部机构间的科层权力博弈导致水权转换逐步偏离了原初的政策目标，不仅农民的用水权益被忽视，还给地方社会带来了资源与环境危机。

综上所述，内蒙古西部地区水资源开发、水权制度建设与水权转换过程中产生的诸多意外后果，促使我们反思当前民族地区以地方政府为主导、以资源开发为主要手段的工业化模式所带来的影响。在这一模式中，不仅环境保护被忽视，地方社区及农牧民的利益也受到损害。在目前的资源开发模式下，地方政府很难真正考虑民族地区的环境保护与社会发展之间的均衡，而将过多的注意力放在了资源开发与地方工业化上。

基于水资源短缺与自然生态环境脆弱的特性，西部民族地区的工业化既不应脱离原有的社会发展进程而一味追求发展速度，也不能过度依靠资源消耗与环境污染来谋求发展空间。如何通过更为系统和深入的制度改革来应对资源开发过程中的环境公正问题，推动发展资源节约型与环境保护型的新型工业化，这不仅是妥善处理民族地区资源开发、环境保护与社会发展关系过程中有待深入思考的问题，也是整个中国实现经济与社会转型的突破口。

执笔人：石腾飞　赵素燕　包智明

第五章　理论分析：环境公正理论 与民族地区的资源开发

　　西部大开发政策实施以来，快速拉动经济增长，缩小民族地区与其他区域发展的差距，实现民族地区及少数民族的"跨越式发展"，成为一种主流话语和实践。基于自身资源禀赋条件以及全国地域分工格局，民族地区纷纷加大资源开发力度，加快以资源型产业为主导的工业化进程。然而，在民族地区实现"跨越式发展"的过程中，环境问题和社会问题却也十分突出，甚至成为影响民族地区社会稳定与可持续发展的重要因素。基于以上各章对民族地区工矿水利、土地资源及水资源开发中社会与环境问题的分析，课题组发现，虽然课题组调研点跨越新疆和内蒙古两大自治区，选取的资源开发类型也不一而足，但民族地区的资源开发实践表现出的环境和社会问题归根结底都集中表现为环境公正的问题。

　　本章以环境公正为视角，透析民族地区资源开发进程中环境问题的表现形式、社会过程和内在机制，为促进民族地区的生态环境保护和社会经济发展提供支持。首先，本章将先对环境公正理论的学术脉络与发展现状进行回顾，概括出环境公正研究发展的三个层次，以及对中国现有的环境公正研究进行简要评析。在此基础之上，基于环境公正的理论视角，对民族地区资源开发过程中的环境问题、社会发展问题进行系统分析和阐述。

第一节　环境公正理论的学术脉络与发展现状

　　环境公正不仅是近些年来环境社会学领域发展迅速、应用广泛的学科视角，而且已经成为一个越来越重要的全球议题。聚焦于环境问题产生的

103

社会机制，社会学领域的环境公正理论大致呈现出三个阶段的发展历程，[①]即从最早的环境公正问题的呈现（即环境风险的不公平分布），到后来关注并分析环境公正问题的社会过程及其背后的社会机制，并在近年来趋向于对环境公正问题的政策干预研究。

一、环境公正问题的呈现

第一阶段的环境公正研究呈现出以结果取向的研究范式，即关注环境问题所造成的社会危机，并重点关心环境风险的不公平分布，认为低收入群体，特别是黑人等少数族裔等更容易暴露在环境风险之下。[②]

早在 20 世纪 70 年代，美国学术界已经有一些研究注意到了社会经济地位与环境污染分布之间的显著相关性。[③] 但这些研究在学术界和实际的社会运动中都没有引起广泛关注。20 世纪 80 年代后，研究者开始越来越多地关注环境污染分布和种族之间的相关性，一系列的研究发现种族是研究美国环境污染设施选址的关键变量。布拉德提出了环境种族主义（Environmental Racism）这一概念，分析了危害物设施选址同种族之间的关联，同时，还探讨了环境种族主义所带来的心理和社会影响，以及与环境运动

---

① 参见 Jayajit Chakraborty, Timothy Collins and Sara Grineski, "Environmental Justice Research: Contemporary Issues and Emerging Topics," *International Journal of Environmental Research and Public Health*, vol. 13, no. 11, 2016, p. 1072.

② Robert Bullard, *Dumping in Dixie: Race, Class, and Environmental Quality*, Boulder, Colorado: Westview, 1990; United Church of Christ, *Toxic Wastes and Race in the United States: a national report on the racial and socioeconomic characteristics of communities surrounding hazardous waste sites*, New York: UCC. 1987.

③ P. Asch and J. Seneca, "Some evidence on the distribution of air quality," *Land Economics*, vol. 54, no. 3, 1978, pp. 278-297; B. Berry (eds.), *The Social burdens of environmental pollution: A comparative metropolitan data source*, Cambridge, MA: Ballinger Publishing Corporation, 1977; A. M. Freeman III, "The Distribution of Environmental Quality," in A. V. Kneese and B. T. Bower (eds.), *Environmental Quality Analysis: Theory and Method in the Social Sciences*, Baltimore: Johns Hopkins University Press, 1972; W. R., Jr. Burch, "The Peregrine Falcon and the Urban Poor, Some Sociological Interrelations," in P. Richerson and J. McEvoy III (eds.), *Human Ecology: An environmental approach*, Belmont, CA: Duxbury Press. 1976; L. B. Lave and E. P. Seskin, "Air Pollution and Human Health", *Science*, vol. 169, no. 3947, 1970, pp. 723-733; A. Schnaiberg, "Politics, Participation and Polloution: the 'Environmental Movement'," in John Walton and Donald Carns (eds.), *Cities in Change: Studies on the Urban Conditon*, Boston: Allyn & Bacon, 1973; A. Schnaiberg, *The Environment: From Surplus to Scarcity*, New York: Oxford University Press, 1980.

之间的关系问题。①

综合来看，在早期的环境公正研究中，学者们分析的都是环境危害在不同种族、不同阶层之间的不平等分布。自 20 世纪 90 年代尤其是 21 世纪以来，越来越多的研究揭示出其他的社会范畴同环境风险的不平等分布之间的联系。这些范畴包括年龄、性别、公民权、移民身份、原住民性（in-digeneity）、国家等。② 例如，有学者的研究指出，在不同的社会背景下，年龄、贫困、阶层等同环境污染分布之间的关联度要大于种族。③ 在美国硅谷，非洲裔和亚裔移民在电力公司的工作中遭受高度不成比例的有毒物危险，女性也更多地遭受毒气的污染。④ 相较于非移民者，移民者常常居住在污染高度集中的区域。⑤

此外，还有学者聚焦于土著居民和环境公正的研究，揭示出世界各地的土著居民被从当地环境政策决定的参与中系统性地排除出去，常常被赶出他们自己的土地，不成比例地暴露于环境污染中；同时，他们还经常被

① Robert Bullard, *Dumping in Dixie: Race, Class, and Environmental Quality*, Boulder, Colorado: Westview, 1990.

② Luke Cole and Foster Sheila, *From the Ground Up: Environmental Racism and the Rise of the Environmental Justice Movement*, New York: New York University Press. 2000; Dorceta Taylor, *The Environment and the People in American Cities*, *1600s~1900s: Disorder, Inequality, and Social Change*, Durham, NC: Duke University Press, 2009; S. Buckingham and R. Kulcur, "Gendered Geographies of Environmental Iustice", in R. Holifield, M. Porter and G. Walker (eds.), *Spaces of Environmental Justice*, Hoboken, NJ: Wiley - Blackwell, 2010; Phil Brown and Ferguson Faith, "'Making a Big Stink': Women's Work, Women's Relationships, and Toxic Waste Activism," *Gender & Society*, vol. 9, no. 2, 1995, pp. 145-172; Shannon Bell and Yvonne Braun. "Coal, Identity, and the Gendering of Environmental Justice Activism in Central Appalachia," Gender & Society, vol. 24, no. 6, 2010, pp. 794-813; Charles Mills, "Black Trash," in Laura Westra and Bill Lawson (eds.), *Faces of Environmental Racism: Confronting Issues of Global Justice*, Lanham, MD: Rowman and Littlefield, 2001.

③ J. Mennis and L. Jordan, "The Distribution of Environmental Equity: Exploring Spatial Nonstationarity in Nultivariate Nodels of Air Toxic Releases", *Annals of the Association of American Geographers*, vol. 95, no. 2, 2005, pp. 249-268; M. Pastor, J. Sadd, and R. Morello-Frosch, "Who's Minding the Kids? Pollucion, Public Schools, and Environmental Justice in Los Angeles," *Social Science Quarterly*, vol. 83, no. 1, 2002, pp. 263-280.

④ David Pellow and Lisa Sun-Hee Park, *The Silicon Valley of Dreams: Environmental Injustice, Immigrant Workers, and the High-Tech Global Economy*, New York: New York University Press, 2002.

⑤ L. Hunter, "The Spatial Association Between U. S. Immigrant Residential Concentration and Environmental Hazards," *International Migration Review*, vol. 34, no. 2, 2000, pp. 460-488; Paul Mohai and Saha Robin, "Racial Inequality in the Distribution of Hazardous Waste: a National-Level Reassessment," *Social Problems*, vol. 54, no. 3, 2007, pp. 343-370; Robert Bullard etc., *Toxic Wastes and Race at Twenty*, *1987-2007*, New York: United Church of Christ, 2007.

限制使用所在社区内的生态原材料，而这些材料最后却被政府和企业单方面地占有了。① 这些不同维度的社会范畴同环境污染之间关系的研究，大大拓展了人们对于环境公正的认识，同时也是环境公正学术发展中的一个重要线索。

此外，学者们还开始将"环境"的概念从传统的包括自然、荒野、非人类生物、海洋、森林等范围拓展至人们生活、工作、学习、娱乐、祈祷等领域。② 环境公正研究中的"环境"概念也在一系列研究的推动下发展到工作场所、住房、学校、交通运输系统、城市规划、国际贸易等方面。这样，环境公正研究中的"环境污染"概念也从传统有毒废气物的选址问题，扩展为包括有环境危害的工作场所、不合格的住房、靠近有毒物的学校、歧视性的交通运输设施、不平等取向的城市规划、采掘型工业开发、各种"自然"灾害等内容。③ 这不仅拓展了环境社会学在环境公正问题呈现上的内容和视域，而且吸引了人类学、民族学、历史学、法学、经济学、政治学、哲学、伦理学、传播学、文学、建筑学、公共健康学、医学等越来越多学科的加入，环境公正研究也成为一个日趋成熟的、跨学科的全球性学术领域。

二、环境公正问题的社会过程分析

第二阶段为过程取向的研究路径，即在总结和反思环境公正相关理论及实证研究的基础上，认为环境公正研究不应将重心置于揭示和解释环境

---

① Andrea Smith, *Conquest*: *Sexual Violence and American Indian Genocide*, Cambridge, MA: South End Press, 2005; Julian Agyeman etc. (eds.), *Speaking for Ourselves*: *Environmental Justice in Canada*, Seattle: University of Washington Press, 2010.

② J. Adamson, M. Evans and R. Stein (eds.), *The Environmental Justice Reader*: *Politics*, *Poetics*, *and Pedagogy*, Tucson: Universtiy of Arizona Press, 2002.

③ David Pellow, *Garbage Wars*: *The Struggle for Environmental Justice in Chicago*, Cambridge, MA: MIT Press, 2002; Andrew Hurley, *Environmental Inequalities*: *Class*, *Race and Industrial Pollution in Gary*, *Indiana*, *1945-1980*, Chapel Hill: University of North Carolina Press, 1995; Robert Bullard etc. (eds.), *Residential Apartheid*: *The American Legacy*, Los Angeles: CAAS Publishers, 1994; Robert Bullard and Johnson Glenn (eds.), *Just Transportation*: *Dismantling Race and Class Barriers to Mobility*, Philadelphia: New Society Publishers, 1997; J. Clapp, *Toxic Exports*: *The Transfer of Hazardous Wastes from Rich to Poor Countries*, Ithaca, NY: Cornell University Press, 2001; A. Gedicks, *Resource Rebels*: *Native Challenges to Mining and Oil Corporations*, Brooklyn, New York: South End Press, 2001; Khagram Sanjeev, *Dams and Development*: *Transnational Struggles for Water and Power*, Ithaca and London: Cornell University Press, 2004; M. Pastor etc., *In the Wake of the Storm*: *Environment*, *Disaster and Race After Katrina*, New York: Russell Sage Found, 2006; Dennis Mileti, *Disasters by Design*: *A Reassessment of Natural Hazards in the United States*, Washington, D. C: Joseph Henry Press, 1999.

风险的不公平分布，而应重点分析造成环境风险不公平分布的社会机制。[①]
总体而言，当前关于环境公正社会机制的研究主要呈现三种解释路径：经
济解释、社会政治解释和种族歧视解释。[②]

　　经济解释偏重从市场机制方面阐释环境不公正问题的出现。这种观点
强调市场在工业选址和居民住宅选择中所发挥的作用，认为工业并不是故
意地、歧视性地将污染设施建造于民族地区或者贫困地区，工业只是在寻
找最大化的利益和最大程度的成本节约。他们常常将厂址选在土地价格廉
价、劳动力资源丰富和距离原材料生产地更近的地区，而这些地区恰恰是
贫困人口和少数族群人口居住的地方。更进一步，当工厂在这些地方建立
起来后，当地的生态环境和居民生活会受到污染，许多居民开始想离开这
些地方搬至环境更好的地区。而那些最有能力离开的居民是经济上富裕的
人群，贫困居民则只能继续居住在这些社区。这样，当地变得更加贫困，
贫困居民数量所占的比重也会不断上升。同时更加廉价的地价又使得越来
越多的贫困人口和少数族群迁进此地，也吸引更多的工业投资者在该区域
建厂，从而进一步加剧了当地贫困人口和污染工厂的双重集中程度。因
此，这些区域的贫困人口和少数族群在承受环境污染上的高度不成比例才
会变得越来越明显。如有学者的研究指出，住房的市场机制经常导致有色
人种和环境危害的"搭配"。[③]

　　社会政治解释认为工业企业和政府在寻求危害废弃物处理和污染设施
选址时遵循"最小抵抗路径"的原则。按照这种观点，工业企业意识到他
们的工厂选址会遭到许多社区的反对，会努力地避开那些最有能力发起有
效抵制的社区，而选择有很少政治资源以及在当地环境决策方面鲜有发言
权的社区。通常情况下，最有能力抵制污染选址的社区是富裕社区和白人
社区。有学者的研究指出，19世纪70年代和80年代"别在我家后院"运
动的兴起和发展正是由于人们对于有毒危害物了解和关注度的上升。由于

　　① Adam Weinberg, "The Environmental Justice Debate: A Commentary on Methodological Issues and Practical Concerns," *Sociological Forum*, vol. 13, no. 1, 1998, pp. 25-32.

　　② Paul Mohai, David Pellow and Roberts Timmons, "Environmental Justice," *Annual Review of Environment and Resources*, vol. 34, 2009, pp. 405-430。

　　③ V. Been, "Locally Undesirable Land Uses in Minority Neighborhoods: Disproportionate Siting or Market Dynamics?" *Yale Law Journal.*, vol. 103, no. 6, 1994, pp. 1383-1422; V. Been, "What's Fairness Got to Do with It? Environmental Justice and Siting of Locally Undesirable Land Uses", *Connell Law Review*, vol. 78, no. 6, 1993, pp. 1001-1085.

富裕的白人群体更有能力抵制新的危害设施的选址，所以这些设施渐渐地落址在贫困和有色人种居住的社区中。这样，随着时间的推移，环境危害设施分布中种族和社会经济地位方面的不平等逐渐增加。① 布拉德发现，那些最有能力发起有效的集体反抗行动的社区，通常是受到更好的教育、有更高的收入、更少的有色人种居住的社区。这些构成了抗争中除了策略、技术和政治资源之外的"前置社会资本"，这些前置社会资本是种族不平等取向的。② 此外，社会政治解释还涉及环境政策制定过程中社区声音和公共参与的缺席，③ 以及主流的全国环境运动中有色人种群体和工薪阶层的"消失"等。④ 同时，两个重要的理论——风险社会理论和生产跑步机理论——也同环境不公正的社会政治解释相关。

贝克的风险社会理论指出，晚期现代性带来了对危险化学品使用的前所未有的增加，尽管由此造成的环境危害会影响到任何一个人，但是环境退化分布的政治是"取悦"于有权力社区的。⑤ 施耐伯格等人的生产跑步机理论认为，资本主义经济不断追逐利润的这一内在动力的维持，需要不断地从自然系统中开采资源，从而使生产的步伐像在跑步机上一样无法停止。生产跑步机的优先市场价值、忽视生态价值的表现，根源是富裕人群和贫困人群在社会、经济和环境资源方面的阶层分化。⑥ 尽管这两种理论

---

① R. Saha and P. Mohai, "Historical Context and Hazardous Waste Facility Siting: Understanding Temporal Patterns in Michigan," *Social Problems*, vol. 52, no. 4, 2005, pp.618-648.

② R. Bullard, *Dumping in Dixie: Race, Class, and Environmental Quality*, Boulder, Colorado: Westview, 1990.

③ L. Cole and S. Foster, *From the Ground Up: Environmental Racism and the Rise of the Environmental Justice Movement*, New York/London: New York University Press, 2000.

④ Bryant Bunyan (eds.), *Environmental Justice: Issues, Policies, and Solutions*, Washington, D. C.: Island Press, 1995; Gottlieb Robert, *Forcing the Spring: The Transformation of the American Environmental Movement*, Washington, DC: Island Press, 2005.

⑤ U. Beck, *Risk Society: Towards a New Modernity*, London: Sage, 1992; U. Beck, *Ecological Enlightenment: Essays on the Politics of the Risk Society*, Amherst, N. Y.: Humanity Books, 1995; U. Beck, *World Risk Society*, Cambridge, UK: Polity. 1999.

⑥ K. Gould, A. Schnaiberg and A. Weinberg, *Local Environmental Struggles: Citizen Activism in the Treadmill of Production*, Cambridge, M. A.: Cambridge University Press, 1996; G. Hooks and C. Smith, "The Treadmill of Destruction: National Sacrifice Areas and Native Americans," *American Sociological Review*, vol. 69, no. 2, 2004, pp. 558 - 575; A. Schnaiberg, *The Environment: From Surplus to Scarcity*, New York: Oxford University Press, 1980; A. Schnaiberg and K. Gould, *Environment and Society: The Enduring Conflict*. New York: St. Martin, 2000; A. Weinberg, D. Pellow and A. Schnaiberg, *Urban Recycling and the Search For Sustainable Community Development*, Princeton, NJ: Princeton University Press, 2000.

并非源于对环境公正研究的直接涉猎，却在很多方面从社会政治方面论及环境不公正现象。

种族歧视解释则将重点放在种族歧视态度和意向在选址决定和对少数族群的环境关心缺乏回应等问题上所产生的作用。[①] 在美国，种族主义的机制是由一系列包括职业特征和居住特征在内的白人群体和非白人群体的重大分化所生成的。在教育机会和就业方面的歧视使得非白人只能拥有较低的社会经济地位，无法居住在更加富裕的社区。[②] 此外，一些其他的社会机制如财产代理、银行贷款等制度限制了有色人种群体的居住选择，他们不得不聚居于被隔离的、弱势的社区中。[③] 一些研究指出，现在许多在表面上看起来是种族公正的社会政策，仍然在过去的种族歧视行动的影响下导致了种族不平等的严重后果。[④] 此外，还有的研究指出，种族主义不仅体现在物质层面上，而且是一种文化、司法和心理现象，导致有色人种在环境污染上承受程度不平等的危害。[⑤] 种族歧视至今仍是美国环境不公正现象的一种主要的解释。

整体而言，以上三种类型的解释路径并非互斥，而是在具体的经验案例中相互关联甚至糅合在一起的，进而使得环境公正的社会机制研究呈现出整体化的研究路径。

三、环境公正问题的政策干预研究

随着环境公正研究的稳步发展并成为世界范围内的主流环境社会学研究范式，在第三阶段，有学者提倡一种政策干预的研究取向，即在指出

① L. Pulido, "Rethinking Environmental Racism: White Privilege and Urban Development in Southern California", *Annals of the Association of American Geographers*. vol. 90, no. 1, 2000, pp. 12-40.

② J. Feagin, H. Vera and P. Batur (eds.), *White Racism: The Basics*, Cambridge, UK: Routledge. 2001.

③ Camille Charles, "The Dynamics of Racial Residential Segregation," *Annual Review of Sociology*, vol. 29, no. 1, 2003, pp. 167-207; D. Masseyand N. Denton, *American Apartheid: Segregation and the Making of the Underclass*, Cambridge, MA: Harvard Universtiy Press, 1993.

④ L. Cole and S. Foster, *From the Ground Up: Environmental Racism and the Rise of the Environmental Justice Movement*, New York/London: New York University Press, 2000; L. Pulido, "Acritical Review of the Methodology of Environmental Racism Research", *Antipode*, vol. 28, no. 2, 1996, pp. 142-159; L. Pulido, S. Sidawi and R. Vos, "An Archeology of Environmental Racism in Los Angeles," *Urban Geography*, vol. 17, no. 5, 1996, pp. 419-439.

⑤ C. Mills, "Black trash" in L. Westra and B. E. Lawson (eds.), *Faces of Environmental Racism: Confronting Issues of Global Justice*, Lanham, MD: Rowman & Littlefield, 2001.

"环境公正"是一种什么样的社会状态的基础之上，希望通过政府项目等途径，使低收入人群与少数民族能够获得更多的政策扶持和社会服务，进而促进环境公正的实现。①

布拉德将环境公正界定为"所有公民和社区都享有环境和公共健康法律法规的平等保护"②。布尼安·布莱恩特关于环境公正的定义则最为广泛接受，"环境公正涉及那些确保人人可以在安全、滋养和有生产力的可持续社区中生活的文化规范和价值、制度、规章、行为、政策和决议。环境公正为人人能够实现他们最大的潜力服务……环境公正是由体面安全有酬的工作、高质量的学校和娱乐、舒适的住房、充足的健康关怀、民主决议、个人赋权、无暴力无毒品无贫困社区等所支持的。在这些社区中，文化多样性和生物多样性受到尊重，并得以最大限度的保留，同时分布正义得到保障"③。

佩罗在全面梳理已有文献的基础上，指出了环境公正的相关指标，如：有毒废气物选址的制度不公、高度分布不均的职业安全健康方面的危害、高度分布不均的有色人种（特别是有色人妇女和儿童）的健康问题、原住民地区的自然资源开发和武器试验、不安全和隔离的居住空间、歧视性的交通运输系统和规划法规、环境决议中贫困和有色人种社区的排除、气候变化的不平等影响等。④ 基于此，佩罗还主张从利益相关者的角度，对不同社会主体在环境问题的形成过程中的利益机制与权力关系网络进行阐述和分析，进而寻求实践环境公正的社会条件和政策过程。⑤

除此之外，还有一些学者建议从政策补贴和城市规划等方式，来干预

① William Bowen and Michael Wells, "The Politics and Reality of Environmental Justice: A History and Considerations for Public Administrators and Policy Makers," *Public Administration Review*, vol. 62, no. 6, 2002, pp. 688-698.

② R. Bullard, "The Legacy of American Apartheid and Environmental Racism," *Journal of Civil Rights and Economic Development*, vol. 9, no. 2, 1996, pp. 445-474.

③ Bunyan Bryant (eds.), *Environmental Justice: Issues, Polices, and Solutions*, Washington, DC: Island Press, 1995.

④ David. Pellow, "Society & Environment: a Growing Conflict," teaching syllabus, not published, 2014.

⑤ David Pellow, "The Politics of Illegal Dumping: An Environmental Justice Framework," *Qualitative Sociology*, vol. 27, no. 4, 2004, pp. 511-525; David Pellow and Robert Brulle (eds.), *Power, Justice and the Environment: A Critical Appraisal of the Environmental Justice Movement*, Cambridge: The MIT Press, 2005; David Pellow, *Resisting Global Toxics: Transnational Movements for Environmental Justice*, Cambridge, MA: MIT Press, 2007

环境公正问题的社会再生产。例如，克劳德和丹尼的研究模拟了环境公正问题生产的微观社会过程，认为受环境风险影响较大的弱势种族可能在身心健康、教育成功、社会秩序认知及参与经济活动等方面受到负面影响，因此，城市规划者要特别注意污染设施选址和运作过程中可能对弱势种族所造成的负面影响。[①] 布拉德等人的研究指出，城市蔓延（Sprawl City）和郊区建设加剧了美国城市的种族区隔问题，使得弱势种族更多遭受环境、经济和社会生活等方面高度不平等所产生的不利影响。因此，城市规划者应该对弱势种族给予住房、教育、交通等方面的财政补贴和政策援助，进而干预城市蔓延过程中所产生的环境公正等问题。[②]

四、中国的环境公正研究

随着中国环境社会学的成长，近年来，国内关于环境公正的研究在数量上明显增加，并呈现理论研究与经验案例研究齐头并进的发展趋势。

洪大用较早地指出了当代中国环境公正问题存在的三个重要层面：国际层次（发达国家与发展中国家）、地区层次（城市和农村、东部和西部）、群体层次（富人与穷人、当代人与后代人）。[③] 面对中国日益严峻的环境问题现实，郇庆治指出，中国环境问题的主要症结在于单向度和无边界的经济发展至上性。[④] 中国的环境治理中存在环境决策、治理结构和环境参与三方面的不公平。[⑤]

虽然目前国内学者关于中国环境公正研究的分析还较宽泛，但值得一提的是，这些分析较多提到了"环境责任的公正分配"这一内容，是西方环境公正研究中较少论及的。例如，朱力认为，中国环境正义问题的凸显表现为环境权责上的分配不公与非正义、环境制度中的非正义和环境问题

---

① Kyle Crowder and Liam Downey, "Inter-Neighborhood Migration, Race, and Environmental Hazards: Modeling Micro-Level Processes of Environmental Inequality," *American Journal of Sociology*, vol. 115, no. 4, 2010, pp. 1110–1149.

② Robert Bullard, Glenn Johnson and Angel Torres (eds.), *Sprawl City: Race, Politics, and Planning in Atlanta*, San Francisco: Island Press, 2000.

③ 洪大用：《环境公平：环境问题的社会学视点》，载《浙江学刊》2001年第4期；《当代中国环境公平问题的三种表现》，载《江苏社会科学》2001年第3期。

④ 郇庆治：《终结"无边界的发展"：环境正义视角》，载《绿叶》2009年第10期。

⑤ 朱旭峰、王笑歌：《论"环境治理公平"》，载《中国行政管理》2007年第9期。

中的承认非正义三个方面。① 相关研究指出，城乡、收入、家庭资产、户籍、居住社区、职业声望、关系网络等要素影响到人群在环境风险中的差异性暴露，并影响到人们对环境危害做出抗争的可能性。② 在这一过程中，居民的环境知情权和公众参与权问题也是学者关注的焦点。③

综上所述，环境公正研究将环境问题中不同社会群体的损益分配置于核心位置，体现出社会学"公平正义"的核心价值观。课题组认为，民族地区资源开发进程中环境与社会之间的关系性失衡本质为环境公正问题。

从环境公正的理论视角来分析民族地区的资源开发、环境保护与社会发展，一方面在于呈现民族地区资源开发所带来的环境问题与社会发展困境，进而通过环境公正问题的现实表现、社会影响和运行机制研究，推动环境研究从关注环境污染本身、偏重"污染"这一客体，向关注研究污染的社会结构性、凸显污染中的"人"这一主体转变；另一方面在于呈现民族地区资源开发带来的愈益复杂的环境问题和社会发展问题，进而有利于探索环境公正问题的政策干预，形成节约资源和保护环境的空间格局、产业结构、生产方式和生活方式，推动实现民族地区的绿色发展。

112

第二节　民族地区资源开发中的环境公正问题

"资源开发"是理解和分析我国民族地区环境公正问题的重要切入点。西部大开发以来，民族地区资源开发过程中环境公正问题的出现，正是西部少数民族地区进入工业化快速发展阶段以来，工业与农牧业、工业与环境生态、经济增长与社会发展之间多种对立统一关系的具体反映。同时，

---

① 朱力：《中国环境正义问题的凸显与调控》，载《南京大学学报》（哲学·人文科学·社会科学版）2012年第1期。

② 龚文娟：《社会经济地位差异与风险暴露——基于环境公正的视角》，载《社会学评论》2013年第4期；聂伟：《社会经济地位与环境风险分配——基于厦门垃圾处理的实证研究》，载《中国地质大学学报》（社会科学版）2013年第4期；王书明：《生存权、环境权与社会排斥的底线——环境正义经验研究的社会学视角》，载《中国环境法学评论》2007年第11期；冯仕政：《沉默的大多数：差序格局与环境抗争》，载《中国人民大学学报》2007年第1期；刘春燕：《中国农民的环境公正意识与行动取向：以小溪村为例》，载《社会》2012年第1期。

③ 吴金芳：《环境正义缺失之影响与突破——W市居民反垃圾焚烧事件的个案研究》，载《前沿》2013年第2期；马道明：《环境正义视角下居民的角色困境——以太湖污染治理为例》，载《浙江学刊》2015年第5期；叶浩：《环境治理与回溯正义——以南台湾"安顺厂"个案为例》，载《哈尔滨工业大学学报》（社会科学版）2013年第6期。

也体现出中央政府与地方政府之间利益关系的统一与分化，生态治理与经济发展之间的一致与对立，市场治理与政府主导之间的统一与矛盾等复杂社会关系。

本课题认为，民族地区"资源开发"不仅是自然资源的开采及加工过程，还是生产、生活方式转型以及社会文化变迁过程，必须综合从自然生态系统、社会生态系统来分析问题的实质。综合看来，在民族地区的资源开发进程中，主要存在两类关系，一是资源开发与环境保护之间的关系，二是资源开发与社会发展之间的关系。也就是说，在民族地区的环境、资源与人口关系链条中，资源开发是关键一环，其一端是环境保护，另一端则是人及社会的发展。通过课题组对民族地区工矿水力资源、土地资源及水资源开发中环境问题与社会问题的分析发现，民族地区资源开发进程中环境保护与社会发展之间出现了失衡问题，地方政府和企业在资源开发中获得了收益，而资源开发地民众不仅没能因资源开发受益，反而还要承担不合理的资源开发模式导致的环境污染问题，这是一种典型的环境不公正现象。

概括而言，对于我国民族地区资源开发过程中存在的环境与社会问题，国内学者主要从环境保护和开发利益共享两类立场出发，重点关注资源开发对民族地区生态环境、社会发展这两个层面的影响及破解之道。课题组认为，在民族地区，对于资源开发问题的研究不能忽视对环境公正议题的关注。

具体而言，在民族地区的大规模资源开发和快速工业化过程中，环境公正问题非常突出。一方面，过度的、低生态成本和"现代化"的资源开发加重了民族地区的环境压力，打破了当地少数民族生计传统与生态环境之间的均衡关系，加剧了当地居民的环境不公平感，并导致民族地区"生态脆弱性"的再生产。[1] 另一方面，民族地区在如何以资源开发、经济增长来推动社会发展方面也遭遇了困境。由于缺乏民族地区居民的文化自觉、自主参与以及有效的利益均衡机制，外来开发者主导的资源开发还引发了贫富差距拉大、社会矛盾激化等社会发展问题。[2]

本课题研究发现，在处理资源开发中环境保护与社会发展两者之间的关

---

[1] 荀丽丽：《与"不确定性"共存：草原牧民的本土生态知识》，载《学海》2011 年第 3 期。

[2] 崔延虎：《权力、权利与利益如何在资源开发中实现平衡》，载《中国民族报》，2011 年 3 月 4 日。

系方面，围绕着中央政府、地方政府、工矿企业、农牧民等多元主体之间的互动，表现出四组统一与对立的关系模式［参见王旭辉、包智明：《脱嵌型资源开发与民族地区的跨越式发展困境——基于四个关系性难题的探讨》，载《云南民族大学学报》（哲学社会科学版）2013 年第 5 期］。而这四组关系则是民族地区资源开发进程中环境公正问题的具体体现形式。

第一，"保护"与"开发"之间统一与对立的关系。一方面，大规模开发民族地区的土地、矿产、水等资源，既是国家战略发展及产业结构调整的需要，也是民族地区及少数民族缩小发展差距的要求。另一方面，民族地区又是重要的生态涵养区、屏障区，生态环境相对脆弱，环境保护价值突出，其资源开发存在明显的生态困境，禁止开发、限制开发或保护性开发不可或缺。如此一来，就会产生开发和保护之间的极大张力甚至冲突。目前，虽然我们从战略规划、政策到实际项目层面，都非常重视这两者之间的平衡，但在当前环境保护和资源开发双双呈现出重要性上升的情况下，无论在理论还是实践层面，保护和开发之间的冲突都有激化的趋势。而且，由于民族地区的生态保护区与资源富集区经常交叉，例如，新疆的很多矿区就同时是水源地、自然保护区，两者之间的悖论性关系就更为突出。

此外，全国或特定区域的整体利益诉求往往与地方性的局部利益诉求并不一致，并且存在资源开发收益分配层面的实际冲突，民族自治地方往往在资源开发和收益分配中处于较为被动的地位。例如，从全国格局上讲，民族地区占据了我国三类主体功能区中维持自然现状区、限制干扰区的绝大部分面积，[①] 其生态保护关系到整个国家或较大区域的生态安全，应限制其资源开发行为；但从地方层面来讲，由于生态补偿机制尚不健全，他们自身又有政绩考核压力及发展需求，这两者之间就容易形成一种悖论关系，并往往容易导致地方资源开发失序。

第二，中央政府与地方政府之间统一与对立的关系。一方面，中央与地方在对民族地区的角色定位及发展道路选择方面存在认知分歧，中央政府希望地方政府能顾全大局、保护环境、发展绿色经济，而地方政府则要优先考虑当地 GDP、财政收入及工业化水平的快速提升。在新疆西牧区工矿水力资源开发阶段，国家以基础设施建设和生态环境保护为重点的西部大开发战略在西县转变为资源开采为主要形式的民族地区工业化。这不仅

---

① 许振成等：《全国环境功能区划的基本思路初探》，载《改革与战略》2011 年第 9 期。

导致了资源的输出和污染的"输入"这样一种资源开发失衡的现象，而且进一步产生了环境风险分布不平等这一环境不公正现象。

第三，外来开发主体与当地政府、农牧民之间统一与对立的关系。由于当前民族地区的资源开发多由民族地区之外的开发企业或上级行政部门主导，加上很多外来开发者本身就是有一定行政级别、并且将资源和收益主要向外输出的大型国企，外来开发主体与当地政府、社区及居民之间的关系协调和利益均衡问题就十分突出。一方面，我们要求地方加快优势资源转化、大力发展现代工业及农牧业，以尽快实现其自主发展。另一方面，薄弱的财政、资本及技术基础却极大限制着民族地区的自主发展能力，地方主体的参与意识和能力严重受限；而具备资本、技术甚至政策优势的外来主体却不断进入民族地区进行开发。实际上，外来开发者往往以生产便利和短期经济利益最大化为原则，对当地劳动力市场、关联产业及社会建设的拉动效益相对不足。

第四，经济增长与社会发展之间统一与对立的关系。客观而言，民族地区的经济总量迅猛增长，基础设施水平也已获得极大提升。然而，"比较优势"的陷阱和"跨越式发展"的冲动，却在一定意义上使得西部大开发的社会建设相对滞后。同时，由于缺少有效的制度规范、利益均衡及社会参与机制，当地农牧民无法从资源开发过程中得到有效补偿和发展机遇，资源开发成果在转化为人民群众生活质量和社会秩序的过程中遭遇了一定的阻碍。

第三节　民族地区资源开发中环境公正问题产生的原因

从民族地区资源开发的现实情况来看，环境不公正是如何形成的？那些旨在促进少数民族发展和各民族共同繁荣的政策在实践中是如何引发环境问题和社会问题的？究竟是何种原因在支配着民族地区环境不公正的生产？这是我们需要进一步澄清的问题。

对于民族地区资源开发中环境公正问题产生原因的分析，需要结合民族地区资源开发的具体经验案例，在政治、经济、民族关系等整体化的研究路径中，探寻解释机制。就当前我国民族地区的资源开发而言，它显然不同于世界近现代历史上的美国"西部开发模式"或苏联"西伯利亚开发模式"，① 也不同于我国其他地区的资源开发活动，具有其自身独特性。而这种独特性无疑与我国民族地区在区域位置、自然环境、制度框架及文化等方面的特殊性紧密相关。因此，本课题将集中从政府、开发企业、地方社区及居民等关键主体在资源开发中的关系和行动逻辑角度，具体分析民族地区资源开发中环境不公正问题产生的原因。

第一，作为战略规划、政策制定及执行、利益均衡与配置的关键主体，各级政府间的科层权力关系及其构成的体制结构是民族地区资源开发中环境公正问题产生的关键因素之一。一方面，在中央政府、自治区及省政府与地方政府的关系链条中，中央政府对民族地区的战略考虑②和财政支持一直是开发政策及开发模式的首要前提，③ 地方政府无论在决策过程还是实际资源开发过程中都处于相对被动的地位，而自上而下和条块分割型资源管理体制也使得地方在资源开发过程中的获益及自主性受限。④ 尤其是 1994 年分税制改革后，中央政府和地方政府的利益格局发生重大调整，造成了具有独立利益诉求的各级地方政府。一方面，"自己安排收支，自求财政平衡"极大地激发了地方各级政府的谋利意识；另一方面，虽然地方财政是分灶吃饭，但是每一级政府的财政收入中都有下一级政府通过上缴自己部分财政收入（或税收）所做的贡献。并且这种贡献被制度化为一种固定的比例，进而成为评价和考核下级政府工作业绩的一项主要指标。在这一体制下，谋求更多的利益就成为地方各级政府的共同目标。由此，地方政府不仅成为各地地方经济发展中的主导者，将自己的工作重心向发展本地经济倾斜，而且变成有独立经济利益诉求的利益集团，成为催动地域经济发展的主体，生态环境单一化为资源和商品的倾向越来越突出。

另一方面，不同层级政府的行动逻辑也有错位之处。一是国家和中央政府不同部门在民族地区资源开发目标及模式定位方面存在内在不一致，

---

① 胡延新：《苏联开发中亚边疆少数民族地区的经验、教训和启示》，载《东欧中亚研究》2000 年第 6 期。

② 国家安全、政治稳定及国家生态治理等战略考虑。

③ 陈文烈：《西部民族地区发展中的政府意志与社会变迁悖论》，载《青海民族研究》2011 年第 4 期。

④ 当前，对资源的实际控制权主要集中于省区级以上国家机关，由于在民族自治地方中央大型国有企业所占比例较高，增值税在中央与地方之间的分配比例以及企业所得税依照企业的隶属关系在中央与地方间进行分配的制度安排，明显不利于民族自治地方财政能力的增强。此外，作为在外地注册的企业进入民族自治地方开发自然资源的增值税、营业税和企业所得税均在注册地缴纳的制度安排，也不利于民族自治地方等资源富集区的发展。

相关政策之间也常常包含内在矛盾，无法为国家法律及制度的切实执行提供一致性标准。二是地方政府面对 GDP 导向的政绩考核方式和赶超型的发展压力，也往往会直接成为资源开发的最大"经营者"或者破坏性开发的纵容者，容易背离其中立调控者和公共服务提供者的角色定位。实际上，作为资源开发关系链条中的一个重要主体，地方政府为了摆脱入不敷出的财政困境、彰显招商引资的"政绩"，往往对资源开发表现出较高的积极性，并允诺开发者某些不合乎中央政策的"优惠"，甚至"暗箱操作"开发权、获取权力寻租收益。[①] 如此一来，政府就无法充分发挥其在民族地区资源开发过程中的宏观政策调控、利益协调及再分配职能，而地方局部利益和地方主体的自主参与也会因此受限。

第二，对于民族地区的资源开发者这一关键主体而言，由于其多为外来企业，并且其主要面向外部市场，加上地方政府对其监管不力，就很容易成为资源开发过程中相对封闭的"飞地"。例如，在清水区，地方政府本意通过水权转换招商工矿企业后，借助这些企业吸纳地方劳动力的方式，解决劳动力就业问题。然而，实际情况却是这些外来开发企业的资本、设备和劳动力大多从外部带入，与当地的产业关联性较弱，对当地劳动力市场的贡献也较小，不仅没能解决剩余劳动力的就业问题，还在客观上加剧了地方社会的社会分化。同时，因为这些企业多为享受较高行政级别待遇的国有企业或资本雄厚的大型私营企业，而且又多实行"总部经济模式"，除少量补偿金和税收外，其资源开发收益与地方的关联性严重不足；因为行政级别的限制，民族自治地方还往往难以对其资源开发行为实施完善的政策引导和管理。另外，按照资源开发的现行法律法规，大型国有企业的资源开采权并不完全以市场方式获得，行政手段进行资源配置还占很大份额，这使得国家和地方的大量权益转至企业，甚至还造成排他性、垄断式开发格局。

第三，民族地区资源开发中的环境公正问题还与地方社区及居民这一主体在各方关系中的地位及行动能力有关。从这一角度而言，在政府和资本力量主导的资源开发过程中，当地社区及民众往往在诉求实现及利益分配方面处于弱势地位，甚至会因为被排斥在开发过程之外而利益受损。一

---

① 肖红波、庄万禄：《民族地区资源开发与收益共享新模式调查——以甘孜州白玉县呷村矿产资源开发为个案》，载《西南民族大学学报》（人文社科版）2010 年第 11 期。

方面，外源式的资源开发往往无视当地的生态环境以及与环境共生的生计传统，简单复制既有开发模式，不仅破坏了当地生态环境，还未能兼顾当地社区及居民的自身发展需求。① 另一方面，偏向于开发者一方的资源开发及补偿政策，加上地方政府的角色错位，使得当地社区及居民不能从资源开发过程中公平获益。同时，由于民族地区的自然资源多分布于草原、戈壁荒滩、山地等农牧区，资源开发占地面积相对有限，而当地人口居住分散、组织相对松散，所以在资源开发过程中，当地社区及居民往往难以有效组织起来与资源开发者、政府进行沟通协调，以充分表达自己的利益诉求、获取公平收益。

第四，民族地区资源开发中环境公正问题的产生同样不能忽视"民族性"这一民族地区的特殊属性。换言之，民族地区资源开发中的环境公正问题还与少数民族群体的处境有一定关联，这也是资源开发诱发不同民族成员之间误解甚至是民族矛盾的重要原因。在民族地区资源开发进程中，不同民族在资源开发过程中的参与度存在明显差异。一方面，外来企业和政府主导的资源开发行为由于区域分布及岗位门槛等因素限制，未能惠及以农牧业为主的少数民族人口，一些少数民族群众在资源开发与工业化进程的强烈冲击下处于相对边缘化状态。

另一方面，在资源开发过程中，由传统农牧业社会向现代工业化社会的转变以及快速城市化也引起了少数民族群众生计和生活方式的重大变化，当地少数民族群众面临既失去原有生计环境又无新的生计能力的困境。例如，在新疆青山县，土地大规模开发使少数民族牧民逐渐失去了他们赖以生存的水草资源，同时，基于长期牧业实践所形成的互惠规范、传统价值也在很大程度上被消解，牧民生计受到很大影响。

第四节　总结与讨论

全球范围内，资源开发与区域发展之间的不一致关系普遍存在，同时也是研究者关注的一个热点问题，环境公正理论正是在这样一种背景下产生的。长期以来，我们已习惯认为"发展才是硬道理"，而经济增长则是

---

① 来仪:《开发西部少数民族地区的历史经验与教训评述》，载《西南民族学院学报》（哲学社会科学版）2002年第1期。

实现民族团结和社会稳定的基础。但需要指出的是，资源开发虽然可以带来民族地区的快速经济增长，但并不必然造就良好的社会关系和社会秩序。在当前民族地区"跨越式发展"背景下，开发企业通过资源开发获得了较大的经济效益，地方政府通过征收税费增加了财政收入，但资源开发与当地发展之间却在一定程度上呈现出二元分割格局。

课题组的研究发现，一些民族地区以"发展"为名的资源开发常常欠缺了"公正"这一关键维度，"跨越式发展""脱嵌型开发""资源诅咒"等问题也正是在这一层面产生。本课题研究认为，民族地区的环境公正现象根植于政府、市场、社会构成的多重交错的结构性力量，是多重结构作为一个统一整体在环境问题上的再生产。在环境公正的生产过程中，各主体之间的关系逻辑和行动策略成为各种结构性力量的反映。在这一过程中，环境不公正的承担者通常是在各种结构性力量交叠的立体空间中位于低水平的弱势群体。而弱势群体的环境公正运动通常是基于生存逻辑的，一般会带来环境不公正表现形式的变化，但彻底的改变有赖于良善制度和多主体共同参与下的多重结构藩篱的破除。

对于民族地区来讲，如何基于自身资源禀赋，解决环境公正问题，以资源开发带动民族地区的可持续发展，是不能回避的重要问题。对于既要大力推进经济发展，又要加强环境保护和社会建设的当下，民族地区环境公正问题的解决存在两类突出难题：一方面，如何在大力推进资源开发的同时，保护脆弱的生态环境，避免或减少环境破坏、退化。另一方面，如何在加快资源开发、经济增长的同时，回馈民生、推动社会均衡发展。基于对民族地区资源开发中环境问题的诸多案例讨论，本课题认为，找回和实践可持续、绿色发展是民族地区破解资源开发、生态环境保护与社会发展之间张力的关键。民族地区资源开发进程中的环境问题根植于多重交错的结构性力量，是多元主体、多种力量互动博弈的结果。因此，民族地区资源开发进程中可持续发展的实现需要厘清不同主体之间交互错杂的利益关系，通过对不同主体互动关系及环境治理与发展实践的分析，探讨民族地区实现环境公正，推进绿色发展的路径。在接下来的第二部分中，本课题将从政府、市场与社会三个方面，分析民族地区的环境治理与社会发展实践，在此基础上集中讨论民族地区的绿色发展问题。

执笔人：包智明　石腾飞　郭鹏飞

下 篇

民族地区的环境治理与绿色发展

第六章　政府主导：生态修复与旅游开发

——新疆西牧区案例

　　在上篇中，我们已经就新疆西牧区①工矿水力开发中的环境风险问题进行了相应分析。在这一部分，我们将以此为起点，对西县地方政府主导的环境治理与社会发展实践进行探讨。随着西牧区工矿水力开发阶段环境污染事件的持续发酵，在中央政府、各级地方政府以及牧民的联合推动下，西牧区开始进行大规模的环境治理工作，大量工矿水力开发企业面临停产、限产危机。然而，西县作为自治区级贫困县，企业停产、限产对经济社会发展造成严重的影响。西县以招商局和工业办为主的政府部门派专人驻扎在自治区政府（甚至中央政府）的相关部门，采取各种方法试图获得西牧区继续进行工矿水力资源开发的批复，但他们递交的申请报告始终没有任何消息。西县的经济增长随之受到了很大的影响，增速减缓，税收不足，预期目标无法完成，面临很大压力。在西县政府不断向上级政府提出诉求和请予协调下，西县如何发展也引起了上级政府的重视。2013年，在国家不断落实功能区划的背景下，自治区政府为西县提出了"打造世界级旅游精品"的发展战略。从2013年开始，旅游开发成为西牧区最主要的资源开发形式。

　　在发展生态旅游战略确立之后，西县政府全面禁止煤、铁、水力等资源开发企业进入西牧区，并要求已经存在的资源企业进行绿色转型。一部分进行环境治理与产业升级，发展绿色矿山，另一部分直接投入旅游开发中去。对于经历了大规模工矿水力开发的西牧区来说，草场资源已经遭到破坏，这严重影响到西县的草原和旅游业发展。因此，西牧区草原生态环

---

　　① 本章研究的调查点——西牧区和西县的基本情况见第二章首页。

境保护在西县旅游开发战略中被提到了极端重要的位置。西县政府确立了"素面朝天、还其自然"的旅游开发理念，开始在西牧区实施大规模的以定居兴牧、禁牧为主的生态治理工程。为了在这一过程中兼顾牧民利益，避免牧民再次成为资源开发与生态环境保护当中的牺牲者，西县政府加快牧业的现代化转型，帮助牧民从传统的牧业生计中解放出来，并积极推动牧民参与到现代旅游开发进程中去。

第一节 生态修复与绿色产业转移

一、传统工矿水力企业的停产危机

西牧区基础设施薄弱，整体发展水平低，"开发"与"保护"之间的矛盾突出。在西县政府了解到《自治区生态环境功能区划》的修编审查中要将西县的大部分矿产资源所在区域都划入水源涵养区时，即刻确立了西县划分为东中西三大功能区的思路。东部即西牧区，为"生态环境保护旅游示范区"，是重要的旅游观光区、天然草原区、生态保护示范区，也是打造西牧区世界级旅游精品和"两个可持续"示范区。中部为"农工牧产业发展示范区"，是重要的人口集聚区、农牧生产区、资源密集区和产业带动区。西部为"特色农业商贸产业示范区"，是半荒漠旱作农业和商贸产业开发试验区。

西县政府虽然已经确立并开始进行生态旅游开发，但仍然没有放弃已经入驻在西牧区的工矿水力企业。2013年6月，位于西县能源化工工业园的西瑞焦化有限公司由于未严格落实环保"三同时"制度，国家环保部将其挂牌督办，进行停产整顿。西伊煤化工有限公司也因为未严格落实环保"三同时"制度、未完成环保验收擅自投入生产、危险废物煤焦油非法转移给无资质的单位等行为，被要求进行全面停产整顿。

> 6月份的时候，国家环保部有个督察中心，是一个办事处，它主要的任务就是对西部这一块，企业进行环保检查过来对我们县重点检查了西瑞厂……来的同时自治区里的一个监察支队的总队长过来了，州里也是一个监察大队的支队长。过来直接就查出问题了。查出来问题之后就问，问州上的，因为是州上监管的企业嘛，存在这么多的问

题，你们州环保局目前自治区刚开始的时候对这一块处罚过，一个 15 万元的处罚。监察支队的总队长想不起来这个事了，州上的支队长也没把这个事想起来（访谈个案，XJX20130810）。

后来，我们局长想起这个事了，就问我们大队长。大队长说有，有过这个处罚。让他们去找，把那个单子找出来了。找出来就去给国家环境保护部督查的人看，然后人家正在吃饭呢，肯定也影响心情。就说，回去再说吧。回去的路上我们局长还专门给企业的老总交待过，就说人家国家环保部到这来，人家过来就是来找问题的。你要自己不引起重视，那绝对要出大事（访谈个案，XJX20140821）。

西县政府向上级递交报告，希望能够保住西牧区的工矿资源企业。"我县矿产资源绝大部分分布在海拔 1700m、年降水 400mm 以上区域，如将这些区域划为水源涵养区，那么西县东部、中部内已经投产和开工建设的铁矿、煤矿、铜矿等一大批重点项目均分布在该区域。根据《新疆维吾尔自治区环境保护条例》第二十三条有关规定：'水源涵养区、地下水源、饮用水源、各类自然保护区、自然生态良好区域、风景名胜区和人群密集区等生态敏感区域实行严格的环境保护措施，禁止进行任何资源勘探和开发'，那么我县丰富的优势矿产资源将得不到合理、有效的开发利用，严重影响新型工业化建设步伐。这不符合西县发展的县情实际，又与国家'在发展中保护、在保护中发展'的战略思想和自治区打造'两个可持续'示范区的总体要求、优势资源转换战略相违背，更将严重制约西县到 2020 年与全州、全疆、全国同步建成小康社会的宏伟目标的实现"。[①] 因此建议"自治区环保厅及相关部门和设计单位在对《自治区生态环境功能区划》进行修编审查时，能够优先考虑西县县情和西县重点矿产资源分布和产业发展布局的实际，进一步支持西县发挥资源、能源优势，落实差别化的产业发展政策。对《新疆维吾尔自治区生态环境功能区划》中西县生态环境功能区进行适当优化，在划定范围上尽量不突破《全国生态环境功能区划》，重点支持、优化包括西牧区的矿区生态敏感区域，切实帮助西县实现跨越式发展和长治久安两大历史任务。"

通过西县政府的努力，国家环保部西北督察中心对西瑞焦化有限公司

---

① 西县政府办：《关于请求进一步优化西县生态环境功能区划的请示》，2013 年。

的停产决定改为罚款 200 万元。并要求其加快完成环保设施的建设（污水处理设施、脱硫设施、在线监测等）和竣工环保验收工作。

在接下来的环境治理实践中，西县政府全面禁止煤、铁、水力等新的资源开发企业进入西牧区，并要求已经存在的资源企业进行绿色转型。一部分进行生态修复与环境治理，发展绿色矿山，另一部分直接投入旅游开发中去。

二、以恢复原貌为主要方式的生态修复

对西牧区草场资源和生态系统破坏最大的是西河水电开发有限公司进行的大规模水电开发。西河流域水电站的生态修复是西牧区所有资源开发企业中投资最多、力度最大的。西牧区的资源开发企业采用了多种生态修复方法和技术，试图使西牧区的草原恢复为原来的面貌。这些由政府主导监测的、企业具体实施的生态修复技术和实践重塑了西牧区草原的风貌。具体来看，相应的修复措施主要包括以下几类。

第一，刺网围栏封闭。工程建设初期，为防止施工活动超越征地范围，避免施工中的人员和施工机械破坏、碾压草场，减少对环境的扰动，将西河一、西河二两座水电站的拦河引水枢纽、发电引水渠线、厂房区、料场区、弃渣场区、道路区以及绿化恢复保护区等进行了刺丝围网封闭。

第二，覆土。施工结束后，对于扰动的地表进行覆土处理。覆土来源于施工期剥离的表层腐殖土，覆土厚度不小于 20cm，相对高差不超过 30cm。

第三，撒播草籽。覆土工序完成后，采用人工撒播草籽恢复地表植被。在草种的选择上，采用适宜当地土壤、气候环境并且满足当地牛羊觅食的草籽。

第四，草皮铺种。人工剥离淹没区的草皮，铺种在临时道路的路面上。

第五，修建挡渣墙。由于水电开发的很多弃渣场位于西河右岸河漫滩及阶地，紧挨河道布置，而且布置方式不合理。在堆渣区域靠近西河一侧需要修建挡渣墙。

第六，变明渠为暗渠。尽量减少明渠引水，多做暗渠，减少工程对区域内生态环境的影响。

第七，生态基流泄放和鱼类增殖站建设。西河一、西河二水电站泄水量仅能维持减水河段鱼类的最低生存要求，很多时候还达不到要求，鱼的数量减少得很快。因此，生态修复实施中，政府要求水电站运行期间必须设立合理的生态基流泄放措施，同时，有条件的情况下建设鱼类增殖站，保护新疆特有鱼类的种质资源，使其恢复到一定的种群数量。

　　第八，景观保护。生态修复中的景观保护遵循四个原则：最小扰动原则，即水电站工程的建设应最小扰动原地表面积，尽量保护原有地表植被和河流形态；生态优先原则，即考虑到当地降雨量大的特点，对于工程扰动区域，只要有合适的土壤，尽量以植物措施为主；充分利用水域原则，即水电站的水库淹没会形成一定的水面，应尽量利用形成的水面和原有地形，合理布置拦河建筑物，使之成为新的景观；外观、色彩协调原则，西河流域水电站的拦河引水枢纽和厂房的建筑物外观和色彩应和周边自然环境相协调。

　　此外，在具体的生态修复实施中，西河水电开发有限公司结合自身情况还创造了其他一些生态修复技术，如"分级马道排水沟法""土格梁覆土植草法""穴植法"等。按照西河水电开发公司相关人员的介绍，"分级马道排水沟法"可以提高边坡结构的稳定性，并能够有效截水、排水，避免水土流失；而"土格梁覆土植草法"是砂砾石坡面绿化最有效的方法之一；"穴植法"则是主要针对高陡土质边坡的绿化方法，虽然工艺复杂，但用此法种植的草籽养分充足，发芽率高，根系入土深，能够有效地抑制水土流失，多种草籽混合拌制能够保证物种的多样性。[①] 我们在调查过程中得知，以这些科学方法为代表的生态修复技术成为西河水电开发有限公司的"独创"，被推荐为整个伊犁州生态修复的成功案例。

　　从以上对生态修复方法和实践的具体介绍可见，西牧区生态修复的核心是人工种草，目标是恢复植被的"原貌"。根据西河水电开发有限公司的介绍，他们在生态修复上投入了巨大的资金。西河一水电站、西河二水电站环境保护投资原计划分别为 920 万元、703 万元，截至 2013 年底，两座水电站已完成生态修复投资约 8102.1 万元。其中平面植草 961.93 万元、坡面植草 778.36 万元、防尘网苫盖 103.42 万元、浆砌石 252.41 万元、腐殖土覆盖 595.05 万元、渣场土方转运 1380 万元、排水沟 167.3 万元、环

──────────

　　① 西河水电开发有限公司：《西河一水电站生态修复情况介绍》，2012 年。

保水保检测 292.94 万元、草泥护坡 1148.08 万元、土格梁植草 1450.6 万元、边坡支护修坡 615 万元、其他零星项目（含宣传牌、彩钢板、封闭围栏等）357.01 万元。

2014 年，在地方政府的主导下，西河水电开发有限公司对照西河一水电站、西河二水电站环评要求，继续加强生态环境修复的力度。为了将水电站工程建设对周边景观的影响降到最低，西河水电开发有限公司确立了"先规划后实施，边实施边恢复的指导方针"，要求各施工单位高度重视生态环境修复工作，严格按照批复的生态环境修复报告实施，做到边施工边恢复，最大限度减少和避免对生态环境的扰动破坏。同时，继续进行 2014 年绿化工作面及剩余工作面的施工、养护工作，按照《生态环境修复方案》中的相关要求，继续推动生态环境修复工作。在这一过程中，西河水电开发有限公司积极与设计单位沟通联系，优化施工方案，改进施工工艺，以期尽量减少施工对环境的破坏和扰动，有效推动各项环保和水保措施的落实。在保证工程顺利开展的同时，尽量营建绿色水电站，确保西牧区的青山绿水。[①]

三、企业的绿色化改造

西牧区最大的铁矿开发企业——西华矿业开发有限公司的一系列环境治理实践，比较翔实地呈现了资源企业进行绿色化改造的过程。

一方面，西华矿业大力做好宣传，将自己打造成"最美矿山"。首先，西华矿业强调自身对新疆地矿局提出的"绿色生态矿业理念和生态矿山技术创新并重""走科技含量高、资源消耗低、环境污染少、经济效益好的新型可持续发展之路"的坚决贯彻。其次，公司大力宣传其所秉持的"以最小的生态扰动来获取资源价值最大化"的矿山建设和发展思路、"以人为本、追求卓越、生态文明、安全至上"的经营方式、"尾矿渣是放错地方的资源"的理念，强调在生产过程中"生态效益战胜经济效益"。最后，西华矿业宣称公司在工艺设计上，"本着环保优先、节能降耗的前瞻性理念和要求"，在选矿工艺上"舍弃了铁矿石利用率高、对环境影响大的浮选而选择了相较而言利用率低近两成、对环境影响非常小、几乎没有污染的物理磁选"，在设备选型上"严格按照高效、低能、环保的要求"，实现

---

① 西河水电开发有限公司：《西河水电站生态修复情况总结》，2013 年。

"高科技、高效益、高就业、低能耗、低污染"。

另一方面，西华矿业积极在厂区的绿化上做文章。西华矿业开发有限公司聘请了内地知名园林专家对厂区进行规划，并按照要求进行了美化。在具体实施过程中，硬化了厂区公路，设置了太阳能路灯，并利用节能灯对建筑物进行了亮化。西华矿业对于他们建设"最美矿山"的事情描绘出一个美好的画面："新硬化的厂区道路笔直宽阔，太阳能路灯节能又环保，千余棵乔灌木苗在厂区生根，鲜花绿草铺满田野山坡。漫步青山环抱的西湖铁矿区，欣赏与周边草原浑然一体的矿区，仰望在矿区上空盘旋着的雄鹰，近看悠闲成群的牛羊，无论是当地居民、铁矿职工还是到这里来的客户、业内行家，都会发出感叹：'这真是最美矿山！'""我们不仅要把西湖铁矿建成花园，更要把它建成与周围草原、山水融为一体的公园""矿区每年新增树木上千棵，花草和绿地面积上万平方米""生态保护和绿化投入已达上千万元，矿区绿化面积达到应绿化面积的95%以上，真正创造出了'空气清新、环境优美、生态良好、人居和谐'的生产、生活环境"。西湖铁矿公司"最美矿山"的建设成为西县矿区进行绿色开发的典范。

第二节　旅游开发的定位与实践

一、发展战略的修正："打造世界级旅游精品"

西牧区旅游开发的定位，是西县经济发展和环境保护交锋的产物。西牧区的生态修复在客观上限制了当地的工矿水力开发。西县强调其作为国家扶贫开发重点县的"牌子"和在此情况下的多种"难处"。比如基础设施薄弱、整体发展水平低、新型工业化发展面临诸多困难等，试图在生态修复实施过程中，也能实现经济发展，并将这种思路上升到"跨越式发展和长治久安任务"的国家战略上来。在西县政府不断向上级政府提出诉求和请予协调下，西县如何发展也引起了上级政府的重视。自治区政府在国家战略的考量下，为西县做出了旅游开发的战略构想。

西牧区的高山区域属于国家森林公园，是《全国主体功能区划》中的禁止开发区域。禁止开发区域的功能定位是："我国保护自然文化资源的重要区域，珍稀动植物基因资源保护地。"① 自治区政府对 2005 年的《新疆生态环境功能区划》进行了修编，计划将西牧区划为"水源涵养区"，实行严格的环境保护。西县政府将西县划分为东、中、西三大功能区，西牧区所在的东部功能区为"生态环境保护旅游示范区"，是"重要的天然草原区、生态保护区、旅游观光示范区"和"世界级旅游精品与'两个可持续'发展的核心区"。②

在 2013 年新疆颁布的《新疆维吾尔自治区主体功能区规划》中，整个西牧区被划为天山西部森林草原生态功能区，是水源涵养型的自治区级重点生态功能区，是"生态系统脆弱或生态功能重要，资源环境承载能力较低，不具备大规模高强度工业化城镇化开发的条件"的限制开发区域，发展方向进一步规定为"以保障生态安全和修复生态环境，提供生态产品为首要任务，不断增强水源涵养、水土保持、防风固沙、维护生物多样性等提供生态产品的能力，同时因地制宜地发展资源环境可承载的适宜产业，引导超载人口逐步有序转移"。③ 主体功能区划的实施强化了西牧区生态环境保护的要求。自治区政府于 2013 年 5 月在西牧区提出"打造世界级旅游精品"的战略，确立了"素面朝天、还其自然"的旅游开发理念，"举全县之力发展旅游产业，打造旅游强县，努力把旅游业培育成西县的战略性支柱产业和富民的朝阳产业"。自此，正式确立了西牧区旅游开发的方向，并将区域随后扩大到了整个伊犁河谷地区。西牧区正式走进了旅游开发为主的资源开发新时期。

2013 年 6 月，随着"打造世界级旅游精品"开发战略的提出，自治区随后制定了《关于把伊犁河谷打造成世界级旅游精品的实施意见》。其中，西牧区是世界级旅游精品的核心区。所谓世界级旅游精品，"是指拥有顶尖的旅游资源、领先的旅游设施、符合国际管理标准的服务体系、良好的旅游氛围和环境，具有独特形象、鲜明品牌和特有标志，在世界上影响力大、知名度高、得到旅游消费者认同和选择，每年能吸引国际国内旅游市场大量旅游者的旅游目的地"。④ 在政府的视野中，拥有

---

① 国务院：《全国主体功能区规划——构建高效、协调、可持续的国土空间开发格局》，2010 年。

② 西县旅游局：《西县 2013 年旅游工作总结》，2013 年。

③ 新疆维吾尔自治区发展和改革委员会：《新疆维吾尔自治区主体功能区规划》，2013 年。

④ 新疆维吾尔自治区政府：《关于把伊犁河谷打造成世界级旅游精品的实施意见》，2013 年。

青山、绿水、蓝天、白云、森林、草原、雪峰的自然景观和以哈萨克族为主体的多民族杂居共生的草原文化生态，无疑成为新疆最可宝贵的旅游资源，"禀赋独特具有无法比拟的特殊优势，完全具备建设世界级旅游精品的基础条件"。

这样，旅游开发作为解决资源开采和环境保护之间挣扎的"答案"，应势而出。在自治区政府看来，他们终于为伊犁河谷这个独特的区域确定了正确的发展道路，开始将旅游产业放在包括西县在内的伊犁河谷地区发展中更加突出和更加重要的位置，认为旅游开发已经成为"伊犁跨越式发展和长治久安的必由之路、必然选择"。因此，打造世界级旅游精品应当是各级党委、政府及相关部门的中心工作，应当举全州之力大办旅游。在西牧区联合执法的参与观察中，旅游局的工作人员谈及旅游开发的战略，指出上级的要求就是"要在各方面都融入旅游观念、体现旅游元素，形成党政全力推动、部门密切配合、上下整体联动的大旅游工作格局"。

二、旅游开发实践：政府支持与企业参与

为了促进伊犁河谷尤其是其中经历了工矿水力开发和生态修复的西县能够参与到旅游开发的进程中去，自治区政府在对伊犁河谷地区各级政府的观念转变、政策投入、资金保障、处理旅游开发和工业发展之间关系等方面做出了努力。首先是观念上的扭转和旅游开发知识的确立。自治区政府强调，要"树立抓旅游就是抓经济发展、抓结构调整、抓文化建设、抓投资环境、抓可持续发展的观念，进一步明确打造世界级旅游精品在全州经济社会发展中的重要地位和作用，采取有力措施加强和改善对旅游产业的领导"，并且"围绕世界级旅游精品的建设目标，建立完善《伊犁旅游开发项目储备库》和《伊犁旅游招商引资项目库》，做好旅游开发项目的储备、论证、申报、立项工作，积极争取国家、自治区和援疆资金，加快办理旅游项目立项、科研、设计、审批等相关手续，促进旅游项目开工建设"，同时还要"成立打造世界级旅游精品专家咨询委员会，聘请有关专家定期对工作成果进行跟踪评估，及时提出咨询建议"，来完成伊犁河谷地区旅游开发知识的不断提升。

其次是政策投入和资金优惠。在政策上，自治区政府一方面推动伊犁河谷地区研究、制定各项政策，"对州直各项旅游政策进行全面梳理，重

点完善投融资、土地、税收、环境保护、生态建设等方面的支持扶持政策，加快形成促进旅游综合改革发展的政策体系。尤其是出台旅游产业开发相关优惠政策、补偿政策，积极吸引国内外资金投入，鼓励更多的国内外企业开发伊犁旅游资源，进一步放开服务领域，引进国内外有实力的大企业、大集团"。

另一方面，地方政府想方设法实现同中央政策的对接发展。在这一过程中，地方政府认真研究中央关于支持新疆发展的各项优惠政策，尤其对支持旅游业发展相关优惠政策进行了深入学习、系统研究，以期逐项搞好对接，把上级各项政策具体化。政策投入还涉及旅游开发的各种实际优惠政策。例如，政府规定利用民族村落、古村镇建设特色景观旅游村镇，发展农家乐、牧家乐、休闲农庄等不视为改变土地用途。植物观赏园、农业观光园、森林公园等项目用地享受农用地的用地政策。同时，支持企事业单位利用存量房产、土地资源兴办旅游业。在这一过程中，新建旅游项目取得国有建设用地使用权，一次性缴付土地出让金有困难的可实行分期缴付。对发展休闲农业和乡村旅游的农牧民实行相应的资金补助、税费减免等优惠政策。对吸纳下岗失业人员的旅游企业提供最多 200 万元的小额担保贷款，给予两年 5% 的贴息补助。对创办旅游项目的个体工商户提供最多 10 万元的小额担保贷款，给予 3 年全额贴息补助等。

与政策投入同步进行的还有资金投入。一方面，从 2013 年起，伊犁哈萨克自治州州财政每年开始安排 2000 万元的资金作为全州旅游产业发展专项资金，并随经济增长逐年递增。各县市也设立旅游发展专项资金，并且视财力情况逐年递增；另一方面，引导金融机构加大对州直旅游产品开发、建设、宣传等旅游产业各环节的支持力度。创新符合旅游业特点的信贷产品和模式，探索开展旅游景区经营权质押和门票收入权质押等办法，扩大融资渠道，并且放宽旅游市场准入，打破行业、地域壁垒，简化审批手续，为社会资本参与旅游开发营造公开竞争的市场环境。

最后，自治区政府强调，旅游开发与工业发展并不是一对必然的矛盾体，指出应当把旅游发展与新型工业化建设、农牧业现代化建设和现代服务业建设结合起来，以此来强化各地推行旅游开发的决心。在具体实践过程中，地方政府提出，要牢固树立大旅游的发展观念，注意密切配合、整体联动、形成合力，打破行业、部门、区域的局限，大力促进旅游产业与第一产业、第二产业的融合发展，积极发展农业观光旅游、生态休闲度假旅游、工业旅游，同时拉动金融、交通、物流、信息等相关第三产业的发展。在这一过程中，尤其要注重将旅游元素融入新型工业化建设的全过程，积极推行绿色制造、生态工业等的可持续发展模式。同时要积极推动开发参观型、参与型、自助型等多种形式的工业旅游，努力打通旅游与工业"联姻"的通道。

通过发展观念上的转变和旅游开发知识的学习、政策和资金的双投入双优惠以及对旅游开发与工业融合促进的强调，新疆旅游开发的道路渐渐铺成，并开始实现从自治区政府到伊犁州政府再到州直各县市政府的逐级落地，以推动 2020 年基本实现建成世界级旅游精品的目标。

政府的措施保障了旅游开发战略的确立。许多此前在西河进行水电开发的公司则利用雄厚的资金，积极投入旅游开发的运动中，实现自身的产业转移。以西河水电有限公司为例，自 2013 年开始，该公司投资 1.2 亿元的西电瑞蓝山庄和投资 6300 万元的西电生态酒店开始正式建设。同时，西河水电有限公司还在已经建好的水电站上开发了亲水游乐区，截止到 2014 年底，已完成各类游艇、冲锋舟、水上摩托艇、自行车等水上娱乐设施的配备工作，于 2015 年开始对外营业。同时，另外一家水电站公司也在西牧区投资 3200 万元建设了西贵宾馆，并于 2014 年完成了主体工程建设，2015 年正式投入使用。除了这两家企业以外，还有一家企业投资 300 万元对巴尔温泉进行了提升改造，对屋顶、管线、游泳池、玻璃等设施进行改造和维护，并新建了三处峭壁温泉，2014 年正式投入使用。

与以前的工矿水力资源开发不同，当前这些以山庄、酒店、水上乐园、温泉设施等为主要形式的旅游资源开发不仅大大降低了资源消耗程度，同时也减轻了环境污染。这些企业在通过发展旅游业营利的同时，也为西县创造了可观的财政收入。

第三节　以定居兴牧为主的旅游生态治理

打造世界级旅游精品战略的提出确立了西牧区旅游开发的方向、政策和规划。整个伊犁河谷，尤其是包括西牧区在内的四个大面积草原区域，开始走向旅游开发的道路。生态环境良好的草原是西牧区旅游开发

133

的基础，然而，经历了工矿水力开发和初期生态修复的西牧区，草原生态环境并没有达到旅游开发的需求。如何将草原保护起来，恢复草原生态成为摆在地方政府面前的难题。长期以来，牧民超载或过度放牧一直被视为草原生态退化的主要原因之一。在西牧区地方政府看来，超载过牧是阻碍草原"好"起来的原因。为了保障旅游开发的实现和发展，在接下来的实践中，西县在西牧区开展了以定居兴牧为主，以禁牧、草原确权、草畜平衡与减畜等为辅的大规模的草原生态治理工作。

此外，西牧区位于西河上游，西牧区生态环境状况不仅影响西县的草原和旅游业的发展，而且影响到相邻县的草原和旅游业。所以，在《关于把伊犁河谷打造成世界级旅游精品的实施意见》中，西牧区所在的西河区域的草原生态环境保护被提到了极端重要的位置。在旅游开发所需要的草原保护大大提升的背景下，在地方政府的主导下，西牧区展开以定居兴牧为主要形式的旅游生态治理。其实，定居兴牧的政策在新疆由来已久。① 但是，西牧区定居兴牧的大力推行却始于草原保护不断上升的战略需求，这是旅游开发所需要的。

一、定居兴牧的提出与实施

（一）定居兴牧的提出

在旅游开发和必须加快实现西牧区草原"素面朝天、还其自然"的要求下，西牧区提出了定居兴牧的政策，并确立了政策的主要内容和目标。第一，改善游牧民的生产和生活条件，提高游牧民抵御自然灾害的能力和水平，推进牧业生产方式由自然放牧向舍饲圈养转变。第二，建设定居住房，彻底改变游牧民居无定所、举家四处游牧的生产生活状态，提高游牧民抵御自然灾害的能力，改善牧区生产、生活条件。第三，通过技能培训和产业转移的方式，将牧区富余劳动力转移到第二、第三产业，增加牧民收入。第四，从根本上解决超载过牧现象，保护草原生态环境，发展旅游业，推动牧区社会主义新农村建设，实现"定得下、稳得住、能致富、保生态"的目标，促进牧区现

---

① 李晓霞：《新疆游牧民定居政策的演变》，载《新疆师范大学学报》（哲学社会科学版）2002年第4期。

代化和可持续发展。^①

在地方政府的话语体系里，定居兴牧工程具有多重意义。第一，生态意义——保护草原生态，促进可持续发展。第二，发展意义——转变生产方式，推进草原畜牧业现代化。第三，社会意义——改善游牧民生活贫困状况，促进游牧民增收。第四，政治意义——贯彻落实科学发展观，稳疆兴疆，富民固边和崇尚科学、反对迷信、抵御分裂势力渗透。定居兴牧成为地方政府大力实施、解决西牧区发展问题的不二法宝。

1. 实施游牧民定居工程是有效保护草原生态，促进可持续发展的必然选择。实施游牧民定居工程，有助于实现"以草定畜、草畜平衡"，防止超载过牧，提高草原植被覆盖度。游牧民定居后，将有助于减少对天然草场的破坏和过度放牧，对实现防风固沙，遏制草地荒漠化具有积极作用。本工程实施后，将有利于提高草地产草量，促进草地动植物繁衍生息，有效保护生态多样性，促进草地生态步入良性循环的轨道。

2. 实施游牧民定居工程是转变生产方式、推进草原畜牧业现代化的必由之路。游牧民定居工程的建设将彻底改变规划区游牧民逐水草而居的传统生产方式，通过种草养畜、舍饲圈养，有力地促进牲畜的疫病防治、良种繁育等先进实用生产技术的推广和应用，明显提高草原畜牧业科技水平和抗灾保畜能力，提升草原畜牧业生产能力。实施好游牧民定居工程，还有助于带动畜牧业科技服务、饲草料生产与加工、畜产品加工与销售等相关产业和服务体系的快速发展，优化牧区产业结构，推进草原畜牧业产业化进程。

3. 实施游牧民定居工程是改善游牧民生活贫困状况，促进游牧民增收的迫切要求。游牧民定居的社会意义在于保障了游牧民的基本生存权和发展权。本工程的实施，可以明显改善游牧民的生产条件，提高养殖效率的水平，增加收入。游牧民定居后，可以转产从事种植、加工、零售、餐饮和交通运输、牧家乐等行业，也可以外出务工，从而大幅度提高收入水平。本项目实施后，牧区的环境卫生状况和游牧民的居住、看病就医、子女就学条件等将明显改善，生活质量和健康水平会大幅提高。

---

① 西县畜牧兽医局：《新疆伊犁哈萨克自治州西县游牧民定居工程建设项目实施方案》，2014年；西县人民政府：《西县定居兴牧工作汇报》，2014年。

4. 实施游牧民定居工程是贯彻落实科学发展观，稳疆兴疆、富民固边的具体体现。游牧民定居是一个牧区文明与进步的重要标志。本工程的实施，体现了以人为本的科学发展理念，体现了把实现好、维护好、发展好最广大人民的根本利益作为党和政府一切方针政策和各项工作的根本出发点和落脚点的科学发展宗旨。本工程建成后，将从根本上改变规划区游牧民的生产生活方式，促进畜牧业健康发展，提高游牧民生活水平，为构建和谐新牧区和建设社会主义新农村打下坚实的基础。工程的实施还将有力地推动牧区科教文卫事业的发展，有助于提高牧民的综合素质，丰富游牧民的精神文化生活，为崇尚科学、反对迷信、抵御分裂势力渗透创造良好的社会条件。①

在 2014 年西牧区首批定居的 1500 户牧民中，该项工程选择的是独立院落、院内 80 平方米砖混结构的单层住宅和 100 平方米砖混结构的暖圈的方式。牧民进入住宅，牲畜进入暖圈。这一年，定居兴牧工程总投资18675 万元，其中中央预算内投资 4500 万元，自治区财政专项配套 1500万元，地方投资 8175 万元，游牧民自筹 4500 万元。地方配套主要来源于县级财政和对口援助资金；游牧民自筹资金主要来源于自有资金、申请银行贷款以及投工投劳投料。其中，国家补助资金每户 3 万元，2.5 万元用于定居住房建设，0.5 万元用于牲畜棚圈建设；自治区预算内投资用于住房和牲畜棚圈建设，地方配套资金分别用于定居住房、牲畜棚圈、工程建设其他费用及预备费；游牧民自筹资金用于住房和牲畜棚圈建设。就这样，定居兴牧工程在西牧区轰轰烈烈地开始了。

（二）定居兴牧的实施

在政府的视角中，定居兴牧等生态治理工程是有着极好的社会效益的。牧民离开牧区，进行产业转型，会使草场得到合理的利用与开发，植被的覆盖度和生物量将大大提高，过度放牧状况得到控制，放牧秩序更加科学合理，既能使生态环境得到较大改善，又可满足草原旅游发展的要求："定居下来的游牧民将告别长期漂泊不定的游牧生活。第一，牧民可以住上宽敞明亮的房子，使用上坚固保暖的牲畜圈舍，极大地改善牧民的

---

① 西县畜牧兽医局：《新疆伊犁哈萨克自治州西县游牧民定居工程建设项目实施方案》，2014 年；西县畜牧兽医局：《新疆伊犁哈萨克自治州西县游牧民定居工程建设项目实施方案》，2015 年。

居住条件、生活质量和健康水平；游牧状态下牧区的基础设施、社会福利、文化教育等建设几乎为空白，通过实施牧民定居，牧民可以享受基本的教育、医疗、文化设施，能够使用电力照明、收听广播、收看电视，拓展视野，广大牧民的子女接受到良好的教育，喝上清洁的饮用水，更多的牧民看上电视，了解政府的各项政策，提高政治和文化素养，改善社会福利，从根本上改变游牧民'上学难、就医难、用电难、行路难'的状况，为游牧民摆脱长期贫困落后、公平享用政府提供的各项公共资源和服务打下坚实的基础。第二，增强县政府和牧民的积极性，加快少数民族共同富裕的步伐，维护民族地区的长治久安和民族团结。第三，全县游牧民通过定居工程得到集中居住，不仅改变几千年来牧民的游牧生活，为牧民进入现代文明生活奠定基础，也为全面实现'生产发展、生活宽裕、乡风文明、村容整洁、管理民主'的社会主义新农村建设奠定了基础"（参见西县畜牧兽医局：《新疆伊犁哈萨克自治州西县游牧民定居工程建设项目实施方案》，2014 年）。

为了保障定居兴牧工程落到实处，西县将定居兴牧与草原生态保护奖励机制挂钩，成立了草原生态保护奖励机制与定居兴牧工程建设领导小组，具体负责该项工程的实施。在具体实施过程中，目标责任制、法律和宣传规训、项目捆绑和资金整合、多种定价方式并存及典型示范等方法推动了西牧区定居兴牧的实现。

1. 目标责任制

目标责任制是在当代国家正式权威体制基础上创生出来的一种实践性制度形式，[1] 它以建构目标体系和实施考评奖惩作为核心，不是正式行政体制和政治制度的"补充"，而是地方政府在实际运作中的真实图景。尤其在遇到"可能"较难开展的工作时，目标责任制就更容易成为工作进程中首先建立起来的制度。

目标责任制是西县推动定居兴牧工作开展的第一把钥匙。具体来说，西县的定居兴牧工程由县长挂帅，作为一把手工程，实行"一把手亲自抓，分管领导具体抓，包村部门协调抓，有关部门配合抓"的格局。同时，领导小组还建立了领导包片、部门包点、干部包户的"三包"机制，

---

① 王汉生、王一鸽：《目标管理责任制：农村基层政权的实践逻辑》，载《社会学研究》2009 年第 2 期。

根据规划目标，将定居兴牧纳入乡镇场年底考核中最重要的项目之列。县、乡及管护员还层层签订了管护责任书，分解任务，责任落实到人，实行目标管理责任制，将其与乡镇场和村干部的工资报酬挂钩、岗位绩效考评挂钩、评先评优挂钩，建立责任追究制，"对工作不落实，实施不得力，职责内存在的问题不解决、不纠正的，将坚决追究有关领导及责任人的责任"。此外，西县政府还要求定期召开定居兴牧现场会、推进会和联席工作会议，遇到问题当场解决，全面保障定居兴牧工程的实施。

2. 法律、宣传和培训规训

在如何改变甚至规训牧民长久以来游牧生活方式所造就的移动意识上，法律和宣传的配合发挥了很大作用。斯科特曾在《国家的视角》中指出，"那些四处流动的人群"总是国家的敌人。① 而用于改造这些流动人群的则是现代国家的法律和宣传武器。在西牧区，为了使牧民将游牧意识改为定居意识，以畜牧兽医局为主的西县政府开展了一系列的草原法律法规知识的学习和宣传，将定居兴牧工程植入"依法兴草、以草兴牧"中。

首先，在西牧区开展了以《草原法》为主的法律宣传活动。宣传活动主要以《中华人民共和国草原法》《中华人民共和国草原防火条例》《新疆维吾尔自治区实施〈草原法〉细则》《最高人民法院关于审理破坏草原资源刑事案件应用法律的若干解释》等相关法律、法规为主要内容，进行哈萨克语汉语双语的宣传，使牧民认识到定居兴牧是在国家关于草原的一系列法律法规的基础上进行的。

其次，抓住牧民冬季闲暇时间较多的契机，利用冬季的"科技之冬""科技三下乡"等活动，到每个村队宣传，向牧民传授《草原生态保护补助奖励机制》《定居兴牧工作实施方案》等涉及定居兴牧工作的具体内容。这样，在草原法律法规的铺垫下，定居兴牧走上前台，西县政府的工作人员利用牧民在冬窝子的集中时间，以村队为单位，当面宣讲定居兴牧的内容和各种好处。

再次，根据西县政府的安排，各乡（镇、场）根据各自的实际情况，在巴扎日、赛马会上宣传《草原法》《西县草原生态保护补助奖励机制》等草原法律法规，展出黑板报，悬挂横幅，发放宣传单。由此，西县政府

---

① 詹姆斯·C. 斯科特：《国家的视角——那些试图改善人类状况的项目是如何失败的》，王晓毅译，社会科学文献出版社，2004 年。

不断抓住牧民聚居和相对闲暇的时间，对定居兴牧工作进行运动式的宣传。

最后，西县开展定居兴牧、草原行政执法、草原防火培训班，并充分发挥农、牧民实用技术培训基地作用，分批组织乡镇分管领导、村干部、牧民等进行相关教育和培训。培训的内容非常广泛，涉及在实施定居兴牧中可能涉及的方方面面。如《草原法》《自治区实施〈草原法〉办法》、草原生态补偿奖励机制相关政策规定、草原行政执法实践知识、草原执法文书制作方法及存在的主要问题、草原行政执法过程中存在的问题和注意事项、《草原防火条例》《自治区野生药用植物管理办法》《草原征占用审核审批管理办法》《禁牧草畜平衡区管理办法》、草原划分、识别草原地形图、画图技术、使用 GPS 技术等。由此，通过前期的法律和定居兴牧内容的宣传讲解，最后以培训作为提升，层层递进，使"定居兴牧"战略进入普通牧民的观念生活中。

总体来看，西县通过组建宣传车队、邀请专家下乡巡讲、设立广播电视专栏、发放宣传资料、设立宣传咨询台、入户面对面宣传、举办培训班等多种方式，"加大宣传和技能培训力度，广泛讲解实施定居兴牧工程的意义、政策等，使'定居兴牧'和'草原保护'的法律能够在牧民意识中扎根，动员定居户全员参与、投工投劳，激发牧民建设美好家园的热情，促进牧民从'要我定居'向'我要定居'的观念转变"，从而为定居兴牧工程的实施提供了观念和认知上的支持。

3. 项目捆绑，资金整合

定居兴牧工程实施后，西县明显感到了资金对于推动该项工程的重要性。自 2015 年开始，西县特别注意将定居兴牧工程和畜牧业发展的相关项目捆绑在一起，整合资金来保障工作的顺利推进。在当年定居的 600 户中，西县大力整合、捆绑相关项目，"以新疆工作座谈会为契机，紧紧抓住对口支援这一大好机遇，积极争取项目资金支持，夯实牧区基础设施建设"，实现资金最大化，推动定居兴牧工程的有效实施。在 2014 年和 2015 年这两年定居兴牧工作的具体实践中，该项生态治理工程先后将援疆资金、牧区水利、防灾减灾、饲草料地建设、标准化养殖小区建设、草原鼠虫害防治、毒害草防除、村村通工程、富民安居和富民兴牧工程等实现了"有机结合"，推动了投入资金的效益最大化，促进西牧区牧民"尽快实现定居兴牧、增收和畜牧业经济的协调发展"。由此可见，地方政府常常会根据

实际工作的需要，在实践中针对性地、选择性地运用项目，将国家层面上的"项目治国"① 在地方实践中协调为"项目运作"，推动和保证自己真正要做的工作的完成。

此外，游牧民自筹资金难度较大也是定居兴牧工程中遇到的一项较大难题。西县政府针对这种情况，采取了一系列的措施，来保障定居工程建设资金的需要。具体而言，在实践中，先后出现了实物补助、以工代劳、资金扶持、以奖代补、社会帮扶、包点进户等方式来解决定居游牧民自筹资金方面的困难。同时，西县还扩大了金融业对游牧民小额贷款的范围，积极地将游牧民定居住房和牲畜暖圈建设纳入金融信贷支持的范畴，并简化了贷款手续，在住房建设和棚圈建筑材料等方面给予新定居户一定的补助，减免牧民定居点的用地费用，积极推动定居兴牧工作的顺利进行。

4. 多种定居方式并存，典型示范

西牧区在定居兴牧工程的实施中，遵循"定居先定畜、定畜先定草、定草先定地、定地先定水"的原则和"人畜分离"的要求，先后采取了集中安置、异地搬迁和农区、城镇、城郊插花安置等多种形式，"科学选址，确保定得下、稳得住、能致富"。同时，围绕构建新型城镇化体系，以争创国家生态县为契机，打造定居兴牧亮点，发挥其作为典型的带动作用；进而以打造的亮点为依托，捆绑相关项目，力图实现以点带面的作用，促进定居规模最大化。例如，2014 年，西县打破常规思维定式，在乌台村实施了把生活区和生产区彻底分开的人畜全分离定居模式，改变了以往"畜同住、人畜难分"的传统定居方式，为牧民定居工程建设做出了有益探索，起到了示范带动作用。② 随后，在乌台村"定居兴牧示范村"的典型效应下，乌台乡在随后的定居兴牧实践中以此为依托，将定居兴牧工程成功地同"六个项目"相配套，即实现同社会主义新农村建设、抗震安居工程建设、扶贫开发工程、养殖小区建设、沼气建设、农村改厕、教育、文化、卫生建设的结合。该乡也因此成为西牧区定居兴牧工程的典型。

综上，通过目标责任制、法律宣传和培训规训、项目捆绑与资金整合、多种定居方式并存和典型示范等操作实践，在旅游开发的战略定位和

① 渠敬东：《项目制：一种新的国家治理体制》，载《中国社会科学》2012 年第 5 期；周飞舟：《财政资金的专项化及其问题：兼论"项目治国"》，载《社会》2012 年第 1 期。
② 西县人民政府：《西县定居兴牧工作汇报》，2014 年。

草原保护的权威话语背景下，定居兴牧成为西牧区的大事件，在西牧区开始大力推行。

二、补充性生态治理工程

除了定居兴牧这一大力推行的生态治理工程之外，西牧区还开展了水源涵养区禁牧、草场确权、草畜平衡与减畜等补充性生态治理工程。这些生态治理工程都是以定居兴牧为基础的，是保障定居兴牧顺利实施的补充性措施，目的在于共同保护西牧区旅游开发所需要的草原。

（一）禁牧

2013 年 8 月，西县在西牧区召开禁牧工作启动会，将西河两岸 3—4 公里内的区域划定为水源涵养禁牧区。禁牧面积共计 16 万亩，涉及西县的六个乡，641 户牧民，共 3134 人。需转移的标准畜 103071 只，计划实施禁牧围栏 172 公里。根据禁牧工作的部署，西牧区水源涵养区禁牧是打造最美草原的重要措施，是从实际出发落实草原生态保护补助奖励机制的重要组成部分，也是西县切实加强草原资源开发可持续和生态环境可持续，维护草原生态安全，转变畜牧业发展方式，加快牧民增收步伐的重要工作。

在实际操作中，西牧区禁牧工作的开展秉持了四个原则：第一，可持续发展原则。即坚持生态、经济、社会效益并重，加强草原资源保护，促进牧业经济健康快速发展。第二，因地制宜、相对独立和集中连片原则。即根据禁牧区地形地貌，利用天然屏障，实行禁牧封育。第三，保畜增收原则。即坚持禁牧与大力发展科学舍饲圈养相结合，转变牧业生产方式，推行舍饲管理，避免疫病传播，保证禁牧不减畜，加快畜牧业发展，确保牧民收入稳步增长。第四，依法治牧原则。即采取宣传教育和行政推动相结合方式，严格管理，依法治牧，逐步走上规范化、法制化的轨道。[①] 在这些原则的指导下，西县针对牲畜和牧民分别制定了详细的安置措施，以保证禁牧工作的顺利进行。

根据西牧区禁牧的实施方案、工作总结以及对西县畜牧局、草原站等工作人员的访谈，西牧区禁牧工作中牲畜的安置措施主要有：（1）集中养

---

① 西县畜牧兽医局：《西县水源涵养区禁牧实施方案》，2014 年。

殖、小畜换大畜。根据西县畜牧局的介绍，牲畜的安置就是要"鼓励牧民发展奶牛业和育肥业，积极推进标准化规模养殖小区建设，提升畜牧业经营模式，发展舍饲圈养，走专业化、高效的畜牧业发展道路。"在实践中，一方面扩充已有养殖小区的养殖规模，另一方面建设新的养殖小区，将西牧区禁牧范围内的牲畜都转移安置在养殖小区内。此外，将土种牛及部分小畜置换成荷斯坦牛和新疆褐牛等良种牛，也安置在养殖小区内。通过集中养殖和小畜换大畜，加上定居兴牧的主导，西牧区的牧业走上了标准化的道路。（2）发展壮大马产业。伊犁地区共有孕马尿采集基地 10 个，其中西县有 2 个。此前，先后有威苏集团、神隆公司、特满药业、未名生物工程集团、天翔药业、普海药业等国内著名的制药企业来西县洽谈合作开发，计划投入大量人力、物力和资金进行生产技术的研究，建设加工企业。但是，由于原料（马尿）的不足，马产业一直没有发展起来。禁牧的实施为发展壮大马产业提供了契机。西县开始将已有的孕马养殖基地改造提升，扩大养殖规模，转移安置牲畜。同时，将禁牧区中的一些羊置换为马（6 只羊置换 1 匹马），集中养殖，专门从事孕马产业的发展。马产业的实施通过羊置换为马，客观上减少了牧民牲畜的数量，为禁牧的快速推进提供了便利。（3）调整欠载的夏草场。对于仍旧无法安置的牲畜，西县畜牧局关注到了那些"欠载"的夏草场。由于西县中部的一些草场资源条件较差，加上距离较远，道路比较难走，西县的牧民很少在这些地方放牧，西县计划将这些草场利用起来，"暂时"安置上西牧区转移出来的牲畜。对于那些更加难以到达的草场，西县还将通过修建简易的道路、桥涵等，积极鼓励转移的牧民到这些地方进行放牧。

在这一过程中，针对牧民的安置措施主要有：（1）变传统畜牧业为现代畜牧业。在西牧区，年龄较大的牧民对于禁牧抱有较强的反对态度。经过协商，西县政府和这些牧民各退一步，形成了"变传统畜牧业为现代畜牧业"的路子。概言之，西县政府要求畜牧局结合改造提升养殖小区、家庭牧场、秸秆养殖示范户建设工程、牧民新技术培训以及以入股、合作经营、优势互补等形式建立合作社的方式，鼓励、帮助和支持西牧区禁牧区中年龄较大的牧民，改变传统的草原畜牧业，暂时继续在西牧区从事放牧、奶牛养殖、牛羊育肥业，发展现代畜牧业，以此来增加牧民的经济收入。（2）联系企业用工。在禁牧区牧民的转移安置中，"联系企业用工"再次被提及。西牧区的资源开发企业绝大多数是资本密集型企业，而且不倾向于从当地牧民中招工，"达不到文化程度""体检不合格"等成为开发企业拒绝当地牧民的经常性原因。但是，面对西牧区那些原来进驻的诸多企业，"与焦化厂、水电站、西湖铁矿、西邦矿业、水泥厂、农畜产品加工等企业建立用工联系制度"再次浮上西牧区禁牧区牧民转移安置工作的案头，计划将禁牧区中 300 名 18—35 岁的中青年劳力培训后，送入这些企业工作。

　　通过变传统畜牧业为现代畜牧业、联系企业用工这些主导型措施，以及相关户数人数的计算和协调，地方政府以期实现禁牧区大部分牧民的转移安置。西牧区的禁牧补贴则参考了自治区的相关补助政策，补助标准为 50 元/亩。2014 年的补助金额总计为 750 万元，涉及的牧户补贴资金户均 1.36 万元、人均 2393 元。为了"防止禁牧反弹现象"，西县积极筹措、兑现补贴资金。一方面及时将草场补贴资金及时、足额发放给牧民，进行资金安抚；另一方面努力争取自治区和国家的有关项目，多渠道筹措资金，"力争在资金投入上取得大的突破，为转移牧民提供有力的资金保障"。此外，西县还投资 30 万元，在禁牧区设立了长期的固定办公阵地，新建了一处管理中心和两处禁牧草原管护站。同时，在主要的牧民聚集处或通往禁牧区域的必经之路上设立管护所、永久性标志牌、宣传牌等，并开展日常巡护，宣传贯彻草原法律法规和禁牧等有关政策，对禁牧区域草原以及标志牌、宣传牌、界桩、围栏等基础设施进行管护。按照工作人员的说法，"我们的工作不仅加强了对管护区禁牧区草原的巡查，而且有效地打击了抢牧、偷牧、采集野生药材等违法行为"。禁牧成为当地政府对西牧区草原进行保护的一项卓有成效的措施。

　　这样，在政府的多重运作下，作为与定居兴牧配套的一项生态治理工程，西牧区在实行水源涵养区禁牧后，将"通过几年的保护，大幅度提高草地产草量，提供大量的优质饲草储备，为实行四季放牧变定居兴牧创造条件；也会有力地保护西牧区水资源涵养区，保障西县水资源的供应，保护该区域的生物多样性，维护草原生态平衡；对伊犁乃至全疆旅游业的发展具有重要作用，有利于推动区域经济发展，为当地农牧民创造更多的就业机会，增加农牧民的收入；促使当地牧民改变观念，引导牧民从传统的游牧生产转向从事旅游服务业，拓宽牧民的增收渠道，促进广大牧民生产生活方式的转变；促进牧民群众提高保护和合理利用草原、保护生态环境的意识，为草原生态可持续发展奠定基础，也会有效遏制乱垦、乱挖、乱采草原等非法活动"。① 在调研中，畜牧局在西牧区的草原站工作人员邀请课题组参观了其中一块禁牧区域，工作人员谈到："你们看，这些草明显长得好嘛，过几年后，再把这些地方放开，草原就像原先的草原了。"

（二）草原确权

定居兴牧和禁牧工作在实际推进过程中也会遇到一定的困难。例如，一些牧民虽然被安排了定居房，但并不在那里居住，大门紧锁，院子里的草已长得很高，出现"定而不居"的现象。还有一些家庭只是家中妇女、老人等住在定居房，其他人仍然过着转场的生活，而且转场时这些人还会过去帮忙。或者牧民只是在闲暇、天气恶劣时在定居房短住，或是家里人轮换着住，形成"居而不定"的现象。虽然西县政府的工作人员认为"只要有人去住，就是进步"，但是政府也一直在想办法改变这种境况。在此种背景下，自治区畜牧厅 2012 年 9 月出台的《自治区推进草原确权承包和开展基本草原划定工作实施意见》这一文件受到了重视。西县计划在重新统一划定草场的权属之际，加强对草场的管理，推动生态治理工程的实施。由此，西县政府开始将草原确权作为一项重要的草原生态保护措施和畜牧业发展工作来推行。因为西县所属的伊犁州一直到 2015 年才出台《关于印发州直推进草原确权承包工作实施方案的通知》，所以西县的草原确权工作在推动定居兴牧的目的下，走在了其他 8 个县（市）的前面。

草原确权是"草原确权承包及清查规范草原使用证"的简称。具体而言，西县以 1989 年草场承包档案资料为基础，利用 GPS、万分之一地形图，对牧民承包的草场进行牧户基本情况、草原承包原始档案牧户身份证明、承包草场界线、面积、承包方式、草原使用现状、承包经营权流转、承包草场征占用等方面的重新审核，进而对承包草场进行勘测定界、打点作标、核算面积、建立电子信息档案，并同牧户签订新的草场承包合同书。同时，各乡镇场对乡与乡之间、村与村之间，有关单位之间的草原进行认定，划清草原与林地等之间的界线。

在具体实施过程中，西县政府成立了草原确权领导小组，举办了草原确权承包工作培训班，将完善草场确权承包工作经费纳入同级的财政预算，建立了主要领导亲自抓、逐级落实的责任制和乡镇村队的巡回检查制

---

① 西县畜牧兽医局：《西县水源涵养区禁牧区工作报告》，2014 年。

度，通过组织保障、宣传保障、经费保障和督察保障等"四个保障"来实施这项工作。草原确权的要求是：确权承包草原以牧民承包的面积为准，多余的草场回收集体管理；1989年以西县草原划分承包档案资料为准，1989年以后划分承包草场合同书统一作废；1989年发放草场使用证与1995年承包合同书必须符合，如不符合按1989年发放草原使用证的承包草场面积为准；1989年划分草场以后，原农区转牧区的牧民以草场承包合同为准；自转流草场的牧民写协议，必须在村委会、乡人民政府的同意下签订合同；1989年划分草场后承包草场的牧民必须按签合同，合同年限、亩数、草场类别都要写，合同年限不要超过承包期；确权承包草场换证后一律作废前发放草原使用证和承包证。建立工作组织和确切要求后，草原确权正式成为西牧区的一项重要的草原生态保护机制。

通过草原确权，西县的草原面积得到逐块落实，清查草原类型（基本草原或非基本草原）、利用情况和草原承包情况，建立草原管理档案以及草原确权档案（包括电子档案），加强承包草原的监督管理等，以有效保护草原资源、实现草原的合理利用和生态环境好转，维护生态安全，促进畜牧业可持续发展。草原确权的开展，是西县对包括西牧区在内的草原的权属情况的一次重新"掌控"，不仅对于牧民而言强化了草原管理上的国家意识，增进了当地政府对于草原的管辖，而且对于定居兴牧中遇到的不配合牧户也进行了说服调查，推动定居兴牧工作的快速实施，最终为生态治理和旅游规范化的开展提供了支持。

（三）草畜平衡与减畜

以草原确权为基础，西县开始核定草场载畜量，进而在全县范围内落实草畜平衡与减畜工作。也就是说，在草原确权中审验换发草原使用证、将草原使用证发放到户、逐一建立了档案之后，畜牧局开始按照不同的草地类型分别计算出载畜量，并核查牲畜饲养量后，划定草畜平衡区域，将超出草畜平衡范围的牲畜减掉。其中，西牧区是实施草畜平衡的重中之重。

西县的草畜平衡区域涉及牧户总数8793户，人口43742人，草食牲畜存栏83.03万头只，折合标准畜为205.74万，理论载畜量为163.18万标准畜，减牧牲畜折合42.56万标准畜，计划分三年完成减畜计划。对于核定下来的这42.56万标准畜，西县主要通过打破村队界限转移至农区、城

郊综合养殖小区、部分春秋草场、牧民定居点以及育肥出售等方式来实现减畜计划。按照"禁牧不减养、减畜不减收"的要求，西县通过万千百十工程安置牲畜14.2万标准畜，农区圈养舍饲安置0.96万标准畜，养殖小区建设安置25.06万标准畜，农区挤奶牛留存安置1.95万标准畜。

综合起来看，可对西县的草畜平衡与减畜措施总结为如下三个方面：第一，从散养向标准化、集约化养殖小区转变。具体而言，依托新建千头优质奶牛乡4个、百头奶牛村8个、万头育肥养殖小区1个、千头牲畜育肥村4个，实现大畜进小区，小畜通过一部分育肥出售，另一部分小畜换大畜安置转移。第二，打破村队界限，建设农区暖圈饲养。西县考虑到了农区的秸秆资源，并加以充分利用挖掘，开始积极发展暖圈饲养的方式，牲畜的食物也被改变。通过统计，西县农区每年可提供秸秆约11.5万吨。西县由此将乡镇场0.96万的标准畜转移到了农区实行舍饲圈养、育肥出售。同时，畜牧局还大力推广"三贮一化"（青贮、黄贮、微贮和氨化）的饲草料加工技术，提高秸秆加工利用率。舍饲圈养的方式，使牧民尽可能地减少了放牧时间。第三，统一饲养。结合西牧区的定居兴牧工程，在西县政府的努力下，各乡镇场原有养殖小区、新建养殖小区、养殖企业开始进行统一饲养，以方便防疫和奶产品出售。

在开始实施草畜平衡与减畜后，西县加强了对这一工作的具体监督，通过多种措施力图控制广阔牧区上的牲畜数量这一"较难控制的事情"。具体而言，西县政府根据具体草场利用季节、片区，实施县、乡镇场草原工作人员包片、包区，责任到人、到片，开展定期、不定期核查牧民载畜数量。并且把草畜平衡管理工作作为一项常规性工作纳入畜牧业工作目标考核责任书，抽调乡村一名领导干部具体负责草畜平衡工作，在主要牧道和片区草原设立草畜平衡核查站，加强草畜平衡监督管理。同时给草原经营者发放"草畜平衡年检卡"，其内容涵盖草原四至界线、面积、类型、等级，草原退化、沙化面积和程度，饲草饲料总贮量、草原适宜载畜量，牲畜种类、数量、超载单位数量等具体而微的诸多内容。每年年末，还要对年检卡进行审验，监督牧民按核定的载畜量进行放牧，对落实草畜平衡的乡村牧户给予发放草畜平衡补助奖励。而对草畜平衡区超载放牧的牲畜，要求畜主将超载牲畜转移出去，或者舍饲圈养或者育肥出售，并让畜主交纳草原补偿费，要求其恢复草原植被。

为了顺利推进定居兴牧、禁牧、确权、草畜平衡与减畜等工作的开展，西县政府直接将这些工作纳入各乡镇场年度考核的目标管理中。乡镇场人民政府是各自辖属牧民放牧区域内旅游生态治理工作的责任主体，政府主管领导是主要责任人，全面负责各区域内的工作，同时对实施生态治理的草原进行监督检查，建立警告制和责任追究制。

各乡镇场在目标责任的驱动下，多措并举，以期实现上级政府的目标设定。具体来看，措施如下：一方面，鼓励广大干部群众和牧民对违反禁牧政策的行为进行监督、检举、报告，并强化处罚。对违反草原保护工作指令的，草原主管部门和委托的管护站将责令其停止"违法违规行为"，强行遣返。对于擅自偷牧、抢牧等行为，造成林木、草场毁坏的，予以从重处罚。对于拒不缴纳罚款的畜主，由行政主管部门或委托的管护组织没收相当价值的牲畜抵顶；畜主在三日内交清罚款后退还牲畜，牲畜在扣留期间的饲草料由畜主承担。畜主在五天内拒不接受处罚或不认领牲畜的，相关行政主管部门按无主畜处理。另一方面，通过报纸、电视、广播、远程教育等媒体，加强对各项草原保护工作的宣传报道，推出典型事例。设立永久性标志牌、宣传牌，营造强大的社会舆论氛围，确保生态治理政策能够深入人心。建立健全村规民约，将草原保护工作纳入村规民约中，使其成为广大牧民的自觉行为。

为了使牧民能够安心定居，西县政府不仅在各项单个的生态治理措施上注重捆绑实施，同时通过和国家更多项目的结合，"有重点"地实施真正想要推动的工程。而且注重同国家权威的衔接，借国家之"力"树立工作权威，并依靠这种权威推动工作的进一步实施。近几年，随着社会流动的加速和媒体的发展，越来越多的牧民开始了解到国家的各项政策，认为国家做了很多对牧民好的事情。在西牧区的调研中，许多牧民一再谈到"现在的国家政策，那是好啊"。在牧民的心中，"国家"推行的工程肯定是有利于当地发展的，是为牧民考虑的。因此，地方政府以国家之名开展工作会相对顺畅。

三、定居兴牧与牧民生存困境

在地方政府的政策视野中，"实施定居兴牧工程，建立草原生态保护补助奖励机制，促进牧民增收，实施禁牧补助、实施草畜平衡奖励、落实对牧民的生产性补贴政策、加大对牧区教育发展和牧民培训的支持力度、促进牧民转移就业；强调对实施禁牧和实施草畜平衡未超载放牧的牧民给予奖励,是采用经济激励手段鼓励牧民自觉保护草原的重要举措,是有效解决草原区域均衡发展问题的长效机制,对加强牧区经济生态社会均衡发展具有重要意义,是把西牧区打造成世界级旅游精品的正确决策,是保护西牧区草原的合理之举"。

西牧区的定居兴牧工程在实践中为了"吸引"牧民,盖了一定数量的二层楼房的城市化小区,积极推动"牧民上楼"。中国的农村近几年也在发生着"农民上楼"的现象。"牧民上楼"和"农民上楼"都反映了国家与社会(民众)的关系。所不同的是,"农民上楼"是当代城镇化模式中地方政府经营土地的逻辑,[①] 而"牧民上楼"则是地方政府经营自然和牧民的逻辑。按照西县政府相关人员的介绍,政府在实行定居兴牧的过程中,不仅加大定居房的建设进度,而且注意加快定居配套设施的建设,包括牧民定居点的水、电、路、学校、商店、医务室、品种改良站以及防疫室等,为牧民生产与生活提供保障。此外,政府还组织定居下来的游牧民从事种植业、林果业,或者参与畜牧业产业化经营的各个环节,间接增加收入,改变"定而不居"和"居而不定"等现象,使转移下来定居的牧民"定得下来,稳得住",以彻底转变牧民的生产方式。

牧民是定居兴牧的主体,课题组在西牧区的实地调查发现,在西牧区以定居兴牧为主的旅游生态治理的实施中,牧民开始被渐渐地拉离出自己世代栖居的草原,生活方式开始改变。虽然西县政府和畜牧局都特别注重对牧民增收的强调,但在现实情境中,西牧区的牧民生计受到影响,牧民贫困现象比较突出。

首先,西县是自治区级贫困县,牧民的年收入普遍偏低,随着物价总体水平的提高,建筑材料、人工等成本大幅度提高,一些条件差、收入低的牧户仅靠国家补助根本建不起住房。虽然西县政府针对定居兴牧工程实施了政府贴息贷款。然而,一方面,牧民贷款后无力还款,生计陷入危机。另一方面,由于信贷部门没有针对建定居房制定科目,尽管政府力推,一些牧民贷款也享受不到贴息优惠的政策。

其次,牧民配套的饲草料地不足。因西县西部乡干旱少雨,草场严重退化;东部虽然雨水充足,但缺乏水利灌溉设施,西牧区的牧民定居到中

① 周飞舟、王绍琛:《农民上楼与资本下乡:城镇化的社会学研究》,载《中国社会科学》2015年第1期。

西部后，人工饲草料地种植情况并不乐观。

再次，牧区水利建设严重滞后。牧民跟着牲畜走、牲畜跟着水草走，定居使得对水的需求大大增加。但是，由于缺乏骨干水利工程，一些新建牧民定居点的饲草料地无法解决灌溉问题，牲畜冷季舍饲的草料得不到基本保障，牧民经常想方设法继续在冬窝子越冬放牧。牧民定居点的房屋被闲置的也开始增多，四季游牧的生产生活方式依然没有改变。同时，大量打井不仅造成当地的地下水位下降，而且威胁生态系统的平衡。定居如何兴牧，定居的持续性何在都成为问题。

最后，定居点的配套设施建设仍然"停留在纸上"，配套设施建设资金不足、建设缓慢。定居点的道路、水、电、饲草料地、学校、卫生院等建设资金来自不同部门，全部统筹集中起来用于牧民定居建设难度较大。虽然西县政府在定居点配套设施建设中，积极地集中了部分资金用于配套设施建设，但由于项目缺口资金大，上级财政补助资金少，仅靠县级财政自筹，无力解决。而统筹整合的相关项目基金用于建设定居房屋和牲畜暖圈已经捉襟见肘，为此造成牧民定居配套建设进展缓慢。

以上种种因素，使得牧民从西牧区撤出后，陷入贫困。而撤出的牧民虽然经历了一系列的培训，但他们的游牧意识和产业转移并没有向着政府期待的方向发展。耗资巨大的这些生态治理工程收效减低，一些工作人员甚至和我们坦言，"定居兴牧，你们不知道听说没，那些牧民定居下来，没有住到屋子里。我们去他们家里看时，人家和那些马呀，羊呀，都住在那个暖圈中"。没有了产业转移的收入和相关渠道获得的资金，牧民的生计面临可持续性危机。更重要的是，对于定居的牧民而言，他们不得不开始大量依赖外部草料购买。西县历史上从来没有草市场，2014 年却形成了一个从产草到预定、中介、屯草、销售、赊购和运输等的草市链条。牧民的生计成本大大增加，收入却明显下降。而且，外购草料的营养远远不如天然牧草，牲畜体质下降，不利于抵抗寒冷与灾害。而自然灾害发生的时候，草料价格大幅上涨，许多牧民一年忙活下来反而赔钱。

面对以上种种问题，西县畜牧局只能在提高补助奖金标准上下功夫。在这一过程中，西县政府一直致力于向国家申请补助资金。在西县近三年的草原工作报告总结中，每次都会提到，"我县天然草场为国家一级以上的草场，草质优良，产草量高，覆盖度大，单位草场载畜量高，国家给予我县的草畜平衡补助标准相比其他地区偏低，牧民实际收益相对并不多。

因此增加草畜平衡补助资金标准，可为我县治理草场超载过牧奠定更加坚实的基础"。①

在具体实践过程中，西县政府主要确定了以下补助原则。第一，补奖标准应按照不同区域确定不同的标准。如阿勒泰、塔城地区牧民使用的草场面积大，补助标准虽然不高，但由于基数大，补助资金数额就大。而南疆地区，牧民使用的草场质量差，但面积均在千亩以上，补助金额大。伊犁地区草原品质较好，但可使用面积较少，相对来说补助金额就少。补助资金若达不到不实行定居兴牧、禁牧等产生的经济效益时，牧民就不配合，影响管护效果。因此水源涵养禁牧区标准提高到与粮补一致，一般禁牧区补助费标准提高到每亩50元，草畜平衡区提高到每亩10元以上。同时按照西县每年新增户的比例增加牧户数量，保证新增户及时领取综合补贴资金。第二，提高定居兴牧的资金补助标准。经统计，目前西县未定居的牧民中，生活在贫困线以下的游牧民达到35%，特困人口占到未定居人口的15%，这些人群，自筹资金非常困难，为此，西县政府一直在向上级部门申请提高资金补助的标准，以帮助他们尽快实现定居。② 第三，在具体的补助奖励的实施中加强细致的管理。在具体工作中，建议草原禁牧、草畜平衡的补奖资金分期发放，上半年发放一半资金，剩余资金在遵守了禁牧区和草畜平衡区管理办法，实行禁牧、严格控制载畜量的情况下，足额发放。如未按规定执行，则扣除相应的金额。但是，这种主要依靠上级政府增加补贴的方法显然无法解决牧民定居后的贫困问题。

第四节　牧民生计转型与牧区重建

从上面的分析可以看出，政府主导实施的定居兴牧、禁牧、确权、草畜平衡和减畜等一系列草原保护措施，虽然通过资金补偿的方式减轻了对牧民生计的影响。但是，这样一种输血式的方式并不利于牧民生计的可持续性发展。而通过在西牧区的调查我们发现，牧业的现代化转型与牧区旅游业的发展丰富了牧民生计，吸引了牧民重新返回牧区。牧民通过舍饲圈养、在牧区开设农业乐、牧家游等方式参与到草原资源开发中，有利于发

---

① 西县畜牧局：《西县草原生态保护工作总结》，2014年。
② 西县畜牧局：《西县草原生态保护补助奖励机制工作总结》，2014年。

展出一种造血式政策实践，也推动了牧区重建。

一、加强宣传教育与牧民培训

为了引导牧民积极进行草原禁牧休牧、参与到牧区旅游发展当中，地方政府加强对牧民的宣传教育与培训，希望牧民能够从观念和意识上真正接受这样一种新的生产和生活方式。

第一，加强宣传教育，促进牧民思想观念转变。通过广播电视、报纸杂志、培训宣讲等多种形式，开展政策宣传、就业指导、职业介绍、招工信息等内容的宣传服务活动，引导牧民解放思想，转变观念，积极谋划新的生产和生活方式。同时，指导牧民合理管理、使用补贴资金，把有限的资金用在生产和生活上，促进畜牧业持续快速发展。

第二，加大培训力度，为牧民创造就业条件。西县有针对性地在中青年牧民中开展大规模、分层次的培训工作，以帮助牧民真正掌握从事现代畜牧业养殖和第三产业发展的相关技术，增强牧民转产就业的能力。在草原禁牧后，为做到禁牧不禁养、减畜不减收，积极寻找拓宽牧民增收的渠道，在地方政府主导下，对牧民进行了大规模、分层次的培训工作。政府相关人员谈到："只有把培训工作抓实做好，让牧民真正掌握一技之长，安置和转移就业才有可能。"在具体实施过程中，禁牧区涉及 18—35 岁的中青年 1028 人，由各乡镇场和县劳动社会保障局组织，对这些人进行一技之长的培训。其中，对 150 名中青年牧民进行汉语和烹饪技术培训，对 550 名中青年牧民进行汉语语言和餐饮业服务技能培训，为这 700 名中青年牧民的就业做好基础培训和服务工作。在 35—60 岁之间的牧民共 1094 人，对这些人进行经营、服务业、汉语语言能力、驾驶等方面的技能培训，引导其从事牧家乐、经商、发展民族手工业等。同时，对牧业生产方面有特长的农牧民，利用他们在养殖方面的经验，对其进行现代化养殖技术培训，引导他们到奶牛养殖基地、牛育肥基地、马产业园、养殖小区等地继续从事牧业生产，使其逐步改变传统畜牧业生产方式，发展现代高效畜牧业。

此外，地方政府还充分利用科技之冬、"科技、文化、卫生、法律"四下乡等活动和采取"请进来、走出去"、实地指导、集中培训宣传等模式，加大对牧民科学养殖、动物防疫、牲畜改良、饲草料种植加工制作及第二第三产业、牧区劳动力转移等技能培训，推广普及先进、适用的生产技术和新品种，提高牧民的整体素质和致富能力，实现"有文化、懂技术、会经营的新型牧民"这一培训目标。按照地方政府的规划，到2018年，要建设和完善乡村级牧民科技培训与劳动力转移技能培训点12个，年培养牧民技术人员600人，劳动力转移技能就业培训牧民1500人。[①]

第三，畅通就业渠道，加快牧民转移。一是制定优惠政策，扶持牧民实现创业转移，积极引导牧民从传统畜牧业生产中解放出来，从事餐饮服务业、旅游业等第三产业。二是在从业税费减免和惠牧贷款方面为牧民提供政策支持，为产业转移创造宽松的制度环境。三是采取政府引导、自主择业、企业帮助的办法，协调县域内大企业适量招收牧民。四是推动牧业增收，稳定人心。通过政府推动旅游接待、畜产品加工、特色养殖等产业的发展，使牧民能够获得定居后的产业收入。

二、牧业的现代化转型

通过舍饲圈养的养殖方式饲养牧区的牲畜，并通过围栏、草原改良、人工种草、科学饲养、家畜改良等方式提高牲畜质量，增强出售率，提高牧民收入，推动实现牧业的现代化转型。

首先，积极发展农区畜牧业，农区所有牲畜不上山是定居兴牧工程中对于牲畜的要求。为此，西县一方面将牧民的定居点安排在农区附近，另一方面大力建设标准化、集约化的养殖小区，同时推动小区中养殖大户的形成。将牧户定居在农区附近，是发展农区畜牧业的必要条件，不仅可以将农作物秸秆作为弥补舍饲圈养所需的饲草料，而且能够促进牧民尽快实现农业化和市场化的生活方式。为了提高农区饲草料利用率，畜牧局坚持"种草养畜、改良增效"的原则，充分利用农区丰富的农作物秸秆和农副产品资源，通过扩大玉米、苜蓿、红豆草等饲草料的种植面积，增加农区饲草料的总量，大力开展饲草料粉碎等加工方法，保证定居下来牲畜的饲草料供给，为舍饲圈养创建条件。

其次，在定居兴牧等工程中，西牧区还加快进行牲畜内部结构的调整，引导牧民调整畜种、畜群结构，逐步把小畜换成大畜，淘汰劣质畜，发展良种畜，控制小畜数量，提高大畜和母畜的比例。在畜牧局的强力推动下，西牧区牧民定居点中，原来的农区牲畜全部置换为以新疆褐牛为主

---

① 西县畜牧兽医局：《西县草原生态保护补助奖励机制水源涵养区禁牧实施方案》，2014年。

的优质大畜，全年在养殖小区进行圈养；牧民50%的小畜置换为以新疆褐牛为主的优质大畜，在养殖小区内进行舍饲圈养。同时，定居点的养殖小区都开始建设奶源基地。

再次，品种改良。品种改良是牲畜进入养殖小区、畜种畜群结构调整后彻底完成农业化和市场化的关键一步。县政府多次要求畜牧兽医局加快品种改良的步伐，通过人工受精、良种畜的推广，提高品种质量，并采取"小畜换大畜，土种换良种"的办法，缓解草场压力。这样，在地方政府的引导下，通过农区标准化养殖、畜种畜群结构调整、品种改良，西牧区实现了"牲畜下圈"。牲畜下圈是政府主导的定居兴牧等生态治理工程经济效益实现的基础。"定居下来的游牧民通过冷季舍饲圈养，更容易掌握科学的舍饲圈养技术，走上科学养畜的发展道路，从整体上提高养殖业的技术含量和质量，加快出栏周转，从而最终实现由传统畜牧业向现代畜牧业的转变"。

最后，通过加强饲草料的种植和相关的牧草产出基地建设，改变传统游牧业中牲畜需要通过不断转移食草的方式，并且推动牧草的产、购、销走上市场化的道路。在政府看来，"靠天养牧""移动放牧"作为一种相对落后的生产方式，不利于推动牧区建设与牧民发展。为了推动牧民定居，饲草料问题必须解决。一方面，西县加快建设水利工程以及饲草料基地，为固定下来的牲畜提供最基本的保障。同时大力推广"三贮一化"饲草料加工技术，不仅改变牲畜的饮食原料和习惯，而且提高农区的秸秆利用。另一方面，大力推行人工种草。与生态修复中资源开采企业在破坏草场后的人工种草不同，此处的人工种草是政府为了使牧民能够认同定居兴牧和摆脱游牧的生活状态，在定居点附近人工种植牲畜啃食的牧草，解决定居后牲畜草料缺少的问题，并推动草料走上市场化的买卖道路。

在具体实施过程中，西县积极组织各乡（镇、场）分管领导、草原站站长、技术员60余人开展人工种草技术培训，进而对牧民人工种草进行技术指导，"共出动675人次，54车次，就播种深度、播种量、注意事项等方面进行指导"。同时，提高牧草种植补贴。西县采取了政府补贴与牧民自筹相结合的方式购买草种，县人民政府承担50%，农牧民承担50%。2014年共投入资金279.6万元，其中县人民政府投入139.8万元，发放享受补贴牧草种子90.7吨（其中苜蓿种子64吨、红豆草种子26.7吨），完成4.6609万亩（其中苜蓿草3.9739万亩、红豆草0.6870万亩）。通过提

高农区饲草料利用率、建设配套基础设施和推广技术、大力推行人工种草等方法，"以草定畜"这一克服定居兴牧中问题的思路逐步落实。

在地方政府看来，通过牧业的现代化转型，可以实现定居兴牧所要求的"生态效益"。在地方政府的话语表述中，游牧民定居工程实施后，通过舍饲圈养，改变了游牧民沿袭千年的"信天游"放牧方式，将会有效遏制草原的掠夺式经营，减轻草场压力，遏制生态环境的进一步恶化，增强牧业生产抵御自然灾害的能力，提高草原植被覆盖度，使部分严重退化的草原得到休养生息，逐渐恢复其再生能力。草原生态改善进一步为西牧区旅游业的发展提供了保障。同时，工程的实施还将进一步推动人工饲草料基地建设，有利于实现草畜动态平衡和良性循环，逐步建立起与畜牧业可持续发展相适应的草原生态系统，实现退化草场自我修复和草场资源永续利用，促进草畜平衡，实现牧区可持续发展。

三、牧民参与旅游资源开发

地方政府在禁牧区附近划定旅游点，牧民可以通过从事牧家乐、骑乘等工作实现转移就业，牧民从传统的游牧者变为现代旅游业的参与者。在这一点上，西县政府要求畜牧局协调民政、工商、税务、金融、社保等部门制定关于禁牧转移牧民创业方面的优惠政策，发放《再就业优惠证》，使牧民享受免费培训、从业税费减免和惠农贷款等照顾。同时，结合当地旅游产业的规划和规范化管理，西县在西牧区禁牧区旅游沿线，划定特定区域，鼓励和支持牧民发展牧家乐为主的旅游开发产业，帮助更多的牧民创业，不断创造牧民参与旅游业和其他产业转移的宽松空间，试图以此来促进牧民的增产增收。另外，西县还在各个定居点上通过配套养殖小区的建设，发展奶牛、育肥等养殖业。通过参与旅游业发展和为当地居民提供肉、奶等产品，西牧区禁牧转移牧民的收入得到提高。

随着牧区旅游业的发展，牧民开始在西牧区主要的旅游景点建起毡房，作为到西牧区旅游的人的旅舍。2014年，课题组再到西牧区调查时，都会有附近的牧民过来问"骑马不？""住宿不？"骑马一个小时一般为30元，住宿一晚上100—300元。牧民开始建设从低档到高档的不同类型的毡房。地方政府主导的生态开发也让牧民得到了参与的机会。调研中，和我们接触较多的一位在乡上卖手机的大哥，主动提到了他在后面的两三年内去西牧区进行旅游开发的计划。他准备在乡上的门市攒下些钱后，拉几个一起玩的小伙子，去西牧区盖毡房，通过发展旅游来挣钱。在他看来，"这是一个好机会，现在我们都缺钱，但是大家都不动脑子。我那几个从小一起的，一拉他们，准去干"，"到时候，盖上几个房子，弄上些民族服装，穿一穿，照个相，在毡房里过夜，再上个羊肉，就得这样搞……现在，你没钱哪行啊。"县里、乡上的年轻人，也开始将与西牧区的旅游开发相关的工作作为他们的从业选择。在从县上到西牧区的中转汽车站里，我们经常会遇到很多去西牧区从事旅游开发的青年牧民。他们大都从事厨师、服务员、导游、翻译等工作，月收入一般在3000—4000元左右。

西牧区旅游资源的开发吸引了牧民重返牧区，牧民积极参与到旅游开发当中，成为资源开发的受益主体之一。在这一过程中，政府的作用在多处呈现。一是大力建设农家乐接待区，加大从业人员培训力度。西县政府联合伊犁州职业技术学院和县人事部门举办了四期餐饮、客房服务人员培训班，培训人数达680人次。二是加大了星级宾馆和星级牧家乐的申报力度。2014年完成了1家五星级标准宾馆、1家休闲度假酒店、12家星级农家乐、1家自治区休闲农业示范点、2家国家4A级旅游景区的评定工作。三是投资18万元，编印《西县旅游知识应知应会手册》3000册，邀请专家开展西牧区人文故事的编撰工作，修改和完善了各景点的导游词。此外，西县政府还与集邮业务公司合作，制作邮折和个性化邮票各2000余套，为进一步提升旅游品牌起到了促进作用。

第五节　总结与讨论

资源开发与民族地区的生态环境危机有着密切的关系。西部大开发以来，以矿产资源开发为主导的资源依赖型发展方式可视为一种"黑色"的发展方式，是一种不可持续的发展方式。矿产资源开发虽然可以在短期内推动民族地区经济的快速发展，但如果矿产资源的存量消耗殆尽，或者矿产资源开采与重化工产业发展带来的环境污染和生态破坏达到一定程度，不仅会使地区经济发展面临被动局面，同时，工矿企业的工人也会失去工作机会，周边地区的农牧民也易陷入生计危机，影响地区社会稳定。因此，民族地区需要转变资源依赖型的发展方式，建立可持续的、具有良好附加值的绿色发展方式，如生态旅游业、节水农业、清洁能源产业等。

在新疆西牧区的绿色发展实践过程中，已经逐渐形成了以政府主导、企业为主体、社区参与的环境治理体系和绿色发展方式。在地方政府主导下，环境治理与绿色发展相结合，过去许多重污染型的生产企业开始进行绿色技术创新与发展方式转型，走上以旅游开发为主的绿色发展道路。在旅游开发的基础——天然草原——的需求极度提升的情境下，西县确立了"素面朝天、还其自然"的旅游开发理念。在旅游开发阶段，西牧区再想进入新的资源企业已极其困难，但原先的企业也并没有关闭或者停工。相反，这些工矿水力开发企业依托雄厚的资金和较高的行政级别，也开始在西牧区进行绿色转型与产业升级，参与旅游开发，探索资源开发与草原保护的均衡之道。

在西牧区，市场化、多元化的生态补偿机制逐渐形成，资源开发过程中的环境公正问题得到有效解决，当地居民及社区在资源开发过程中得到的经济实惠越来越多。通过大规模的以定居兴牧为主的生态治理工程，配以禁牧、草原确权、草畜平衡与减畜等措施，结合国家草原生态保护补助奖励机制政策、自治区富民兴牧、援疆扶持等政策，地方政府大力推动草原生态治理。同时，着力推进养殖小区、牧区水利、人工饲草料基地等的建设。在西牧区逐步走上旅游生态治理道路的过程中，地方政府不仅逐步实现了牧业生产方式由传统草原畜牧业向现代定居畜牧业、由粗放经营向集约经营的转变，而且也推进了牧业增效、牧民增收、牧场增绿。

资源开发与民族地区的发展不均衡、不充分也有着密切的关系。面对人民群众日益增长的美好生活需求和民族地区发展不均衡、不充分之间的矛盾，通过绿色发展给民族地区群众带来新的工作机会和可持续生计，对于经济社会发展长期滞后的民族地区而言非常重要。在草原牧区，牧民和牲畜与草原环境经过上千年的演化，已经成为维持草原生态系统平衡的关键要素。通过定居兴牧等一系列措施将牧民迁离牧区，使其与草场隔绝起来的方法，并不能实现草原生态保护的可持续性。且定居下来的牧民在生活中也面临种种困难，容易陷入贫困当中。因此，在接下来地方政府主导的政策实践中，开始着力加强对牧民的技能培训与宣传教育，促进牧民思想观念的转变，提升牧民参与旅游资源开发以及现代牧业转型的能力。在这一过程中，牧业的现代转型丰富了牧民生计，增加了牧民经济收入，同时，传统的游牧民开始以受益者的身份参与到西牧区旅游资源开发中。

牧区旅游业成为牧民脱贫致富的重要途径，而在这一过程中，牧民也认识到旅游开发的基础是美丽的草原环境和独特的民族风情。因此，为了使西牧区的"美丽草原"和"民族风情"持续，牧民也意识到了草原保护的重要性。牧区旅游业的发展反过来又推动了草原植被恢复、生态环境改善。综合看来，地方政府主导的生态修复与旅游开发不仅有利于从根本上保护和改善草原生态环境，推动牧区的可持续发展、绿色发展，构建人与资源、环境之间和谐统一的良性生态系统，同时对改善牧区落后面貌、推动实现民族地区长治久安具有十分重要的现实意义和政治意义。

民族地区具备推进绿色发展的制度优势。党的十八以来，从中央政府到民族地区各级地方政府，从顶层的绿色发展理念到地方社会的实施方案，无论是在制度建构，还是在实践操作过程之中，民族地区的绿色发展都是大力推行的政策实践与发展方案。作为一项复杂的系统工程，地方政府在推动民族地区环境治理与绿色发展过程中发挥了重要作用。面对经济发展方式转型中的暂时阵痛，地方政府须进一步完善推进绿色发展的制度体系，推动自身角色和职能转型，转变发展理念和发展方式，加快建立绿色生产和消费的法律制度与政策体系。在发展实践过程中，要采取更加严格的环境政策，强化环境执行力度，着力解决民族地区资源开发过程中突出的环境问题和社会问题。同时，还要进一步推动市场化、多元化的生态补偿制度建设，在推动实现环境公正的基础上，实现民族地区的绿色发展。

执笔人：包智明　郭鹏飞　石腾飞

第七章 市场运作："准市场"与水资源问题治理

——内蒙古清水区案例

前述民族地区资源开发过程中的环境保护与社会发展难题，突出表现为资源依赖型工业化发展道路及粗放型经济发展模式的困境问题。民族地区的资源开发、环境治理与社会发展必须寻找新的思路。客观来讲，随着党的十八大以来我国生态文明制度改革的持续推进，"绿水青山就是金山银山"的新理念、新思想已经成为我国绿色发展模式落实和美丽中国建设的核心内容之一。在国家主导的环境治理实践的持续推动下，绿色发展理念对广大人民群众的生产生活和环境保护观念产生了深远影响，绿色发展的理念逐渐深入人心，生态资源也在朝着科学保护和合理利用的方向稳步发展。

民族地区推进环境治理与绿色发展的难度之所以大，其中一个很重要的原因在于资源依赖型工业发展模式涉及的利益主体多元，改革过程中的利益平衡难度大。这意味着，民族地区的环境治理与绿色发展不仅涉及资源环境的治理和保护问题，更涉及不同利益主体的发展诉求与经济社会的可持续发展。课题组在内蒙古西部地区的追踪调查中发现，关于民族地区资源开发、环境保护与社会发展张力难题的破解路径，清水区①等地已经取得了一些值得重视的开创性探索经验，其方向和逻辑不仅有利于环境问题的解决与社会问题的善治，同时也有利于探索建构适合民族地区的绿色发展模式。为解决内蒙古西部地区水资源紧缺问题，有效开发水资源的内在潜力，合理保障生态用水需求和农民用水权益，清水区政府开始在规范市场运作的基础之上，推动改革原有的水权制度，

---

① 本章研究的调查点——清水区的基本情况见第四章第一节。

形成了以政府为主导、企业为主体、社区和农牧民广泛参与的发展格局。以"产权明晰、市场配置、利益共享"的水资源问题治理新格局为基础，清水区政府在改革创新中逐步推进生态环境治理、完善农牧民权益保障。在这一过程中，有效推动了清水区资源依赖型产业发展模式的改革与地方社会的绿色发展。

第一节　水资源问题的"准市场"治理

通过对内蒙古西部地区水权转换政策实践的长期田野调查，我们发现，在这一看似简单的政策思路背后，水权转换有着复杂的社会进程。在地方社会的实践过程中，水权转换既产生了跨行业的水资源转换，也包含了跨地区的水权交易；既产生了农业节水的生态治理目标，又带有项目治理的某些特征，同时还包含了城市化与工业化的特点。

基于水权转换的社会复杂性，使得它难以在中央与地方、农村与城市、农业与工业等任何一种直观分类中得到认识。那么，我们如何才能在一个合适的概念框架中去认识"水权转换"这一综合性的社会现象呢？在水资源问题的治理过程中，市场机制的引进对地方政府的行为产生了怎样的影响？形成了什么样的治理模式？这些问题无疑需要对水权转换的实践过程进行深入的实地研究来予以解答（相关研究参见刘敏：《"准市场"与区域水资源问题治理——内蒙古清水区水权转换的社会学分析》，载《农业经济问题》2016年第10期）。

政府与市场的边界问题历来是资源配置领域的重要学术性问题。与西方主要通过市场来回应公共资源问题的策略不同，在中国环境政策改革的经验当中，政府控制及相应的制度建设仍然是回应资源环境问题的最主要方式。[1] 换言之，政府政策及其实践提供了切入中国水资源问题研究的良好入口。

20世纪70年代，欧美国家以新古典经济学为基础，强调减少政府干预与强化市场调控来应对频频发生的公共资源管理问题，并发展出"准市

159

---

[1]　洪大用：《经济增长、环境保护与生态现代化——以环境社会学为视角》，载《中国社会科学》2012年第9期。

场"机制来提高公共资源的利用效率。① "准市场"强调通过引进产权制度、私有部门等市场力量，来改善过去由政府部门独自主导的公共部门的经营绩效，② 以及通过民主协商与公私合力等方式来提供公共服务。③ 国内的水资源管理研究，囿于经济学的研究视角，"准市场"成为基本的参考框架。④ 在"准市场"机制的影响之下，引进水权与水市场制度改革原有的政府主导的水资源配置方式，成为近十余年来中国水资源问题治理的主要策略。

值得注意的是，学者们并没有局限于对水权归属问题的讨论，而是在"准市场"框架之下讨论水资源管理之中所存在的普遍问题，特别是如何处理政府与市场的关系问题。例如，李良序等认为，由于水资源、生态环境与社会经济系统的一体性，为了促进水资源的可持续利用，在市场配置资源的基础性作用之上，要发挥政府管制的优势，从而保障水资源占用的公平性，保护弱势群体利益。⑤ 胡和平等人认为，水权模糊已经成为制约灌区用水的重要因素，因此要保障灌区农民用水户的收益权，并赋予灌区用水转让权等。⑥ 马晓强等人则进一步指出，明晰微观主体水使用量权是建立可交易水权制度的关键，在这一过程之中，政府由水资源的主导者退位为监督者是建立可交易水权制度的重要保证。⑦

综合相关研究，水资源问题的"准市场"治理是一个政府与市场兼具的综合性社会现象，它是一个融合了中央政府、地方政府、工矿企业、社

① S. Bradley and J. Taylor, "The Effect of the Quasi-market on the Efficiency-equity Trade-off in the Secondary School Sector," *Bulletin of Economic Research*, vol. 54, no. 3, 2002, pp. 295-314; R. Feiock, "A Quasi-market Framework for Development Competition," *Journal of Urban Affairs*, vol. 24, no. 2, 2002, pp. 123-42; L. Struyven, "Design and Redesign of a Quasi-market for the Reintegration of Jobseekers: Empirical Evidence from Australia and the Netherlands," *Journal of European Social Policy*, vol. 15, no. 3, 2005, pp. 211-29.

② E. Savas, *Privatization and Public-Private Partnership*, New York: Seven Bridges Press, 2000.

③ W. Bartlett etc. (eds.), *A Revolution in Social Policy: Quasi-market in the 1990s*, British, Bristol: Policy Press, 1998.

④ 胡鞍钢、王亚华：《转型期水资源配置的公共政策：准市场和政治民主协商》，载《中国软科学》2000年第5期。

⑤ 李良序、罗慧：《中国水资源管理博弈特征分析》，载《中国人口·资源与环境》2006年第2期。

⑥ 胡和平、王亚华：《灌区改革中的水权问题》，载《中国水利报》，2001年10月18日，第3版。

⑦ 马晓强等：《黄河水权制度变迁研究》，载《中国经济史研究》2007年第1期。

区及农业用水者等多元社会主体共同参与的社会过程。由于水资源复杂的自然属性及多元社会主体的共同参与，在实际的运作过程中，水权转换有着极为复杂的社会进程。一方面，水权的特征不能简单归类于水资源的产权归属讨论之中，否则就忽视了水权转换背后丰富的社会意涵，特别是"准市场"中政府与市场的关系问题。另一方面，拘泥于产权的问题意识容易忽视水权制度建设的社会复杂性。由于水权转换牵涉参与资源占用的多元社会主体的利益，并涉及资源开发、环境保护与社会发展等多方面，[①]因而其无法只在经济学的产权辨析意义上得到理解。因此，我们需要将水权转换放在一个整体的制度分析框架中，在对地方政府行动进行分析的基础上，去认识和理解"准市场"机制及其背后复杂的政府与市场关系，从而进一步探讨区域水资源问题的治理途径，这也是本章的研究目的所在。

第二节　　"政府失灵"与农业节水的效率低下

1998 年以来，黄河流域水资源分配制度的改革和水权制度建设的变迁，可以视为是在中央政府主导下，对黄河水资源危机和水资源稀缺程度提高的响应。换言之，黄河流域的水资源问题治理具有明显的"危机应对"和"政府直控"的特点。[②]为了寻求经济增长、环境保护与社会发展之间长期的平衡与和谐，国家开始将原本由它独自承担的水资源配置行为逐步转移给市场。这一方面虽然有利于水资源的优化配置，从而促进水资源从经济效益低的农业灌溉向工业用水转移并缓解工业化进程中的水资源问题。但是，也正因为如此，国家与社会、政府与市场之间的界限和责任也日益模糊。在这样的背景之下，如何正确处理政府与市场之间的关系也变得尤为迫切。

在黄河流域的水权制度建设过程中，我们注意到，水权主要明晰到了地方政府这一层级。遵从中央政府主导的初始水权分配→地方政府主导的水权转换→农民用水户的水权转让，在水权转换的一系列过程之中，市场

161

---

① G. Gould, "Transfer of Water Rights," *Nature Resources Journal*, vol. 29, no. 1, 1989, pp. 457–477.

② 荀丽丽、包智明：《政府动员型环境政策及其地方实践——关于内蒙古 S 旗生态移民的社会学分析》，载《中国社会科学》2007 年第 5 期。

作为水资源配置的主导性作用应逐步增强，而地方政府行政干预的作用应该逐步淡化。换言之，水权转换的主体应该是市场，是作为水权供应者的农民用水户与作为需求者的工矿企业之间的市场交易行为，地方政府所要承担的仅仅是控制好水权总量、界定好初始水权、制定好交易规则和维持好交易秩序，其他事务均由市场自由运作；水权转换完成之后，地方政府的主要功能转向水权交易规则的制定和执行，并进而转向水权纠纷的仲裁。[①] 然而，从清水区的区域水资源问题治理的地方实践来看，政府更多地使用行政干涉，而非通过市场化的形式来推动农业灌溉用水指标的转换。地方政府虽然能够有效地"节约"和转换灌溉用水资源投入到工业化的增长之中，却难以提高工业企业的资源利用效率与工业化水平，特别是提升水资源的可持续利用效率。在清水区工业化进程中，重化工企业的快速发展与生产过程之中的不当排污行为，不仅有害于水资源与自然生态环境的保护，同时也威胁到区域经济社会的可持续发展。而这已经成为西部民族地区地方工业化进程中普遍遭遇的问题。

如何在资源配置的过程中处理好政府与市场的关系始终是学界关心的中心问题之一。十八届三中全会通过的《中共中央关于全面深化改革若干重大问题的决定》指出，经济体制改革的核心问题是处理好政府和市场的关系，其目的在于使市场在资源配置中起决定性作用和更好地发挥政府的作用。在不影响地方政府主导资源配置的前提下，水资源的"准市场"运作通过产权制度建设与市场竞争机制来促进水资源的优化配置。在一系列复杂的"政府—市场"关系背后，"水权"提供了地方政府招商引资与实现地方工业化发展的筹码，而"转换"则使得农业发展被纳入地方工业化的整体脉络中。整体而言，尽管在水权的制度设计与执行过程中存在一定的缺陷与挑战，但是，基于水资源的"准市场"运作，水权转换有利于推进跨行业与跨地区的水资源配置，从而有利于实现水资源的可持续利用与经济社会效益的最大化。在此基础上，地方政府可以通过水资源的准市场运作来推动工矿企业落户，从而推动地方工业化和经济社会发展，进而促进农业节水与农民转产增收。

需要注意的是，在水资源的配置过程中，准市场一方面类似于市场模

① 张亮：《推进水权交易制度建设 缓解水资源供需矛盾》，载《中国发展观察》2014年第8期。

式，商品的竞争规则越来越倾向于以供需及价格为资源配置的标准。但是，与自由市场竞争模式不同，在准市场模式下，是地方政府而不是市场在资源配置的过程中发挥主导地位。由于分税制和项目制的实施，地方政府的"激励结构"发生了变化，公共资源的控制与经营权实际上成为地方政府最大的激励动力。① 这也意味着，在地方工业化与城市化的背景下，地方政府的资源治理行为事实上也具有更为鲜明的垄断经营性特征。在水市场的运作过程中，由于地方政府主导了水资源的供给，从而导致不完善的市场竞争与"准市场"的失灵。②

西北地区是全国最具节水潜力的区域。③ 然而，在水权转换的运作过程中，虽然地方政府积极强化灌溉水资源管理与推动农业节水灌溉，从而希望加快推进水权转换，但是，农民用水户的节水意愿并不高。因此，导致清水区农业节水基本上依靠限制播种面积与播种作物来实现。水权转换导致"有地无水"，给农民生计带来负面影响，从而使得农民用水户对于农业节水与水权转换并无正面认识。④ 在清水区，导致农业节水的运行效率低下的原因是多元的。

一方面，在水权转换的过程中，农户所获经济效益过低。按照水权转换的规划，水资源由农业转换为工业，必须采取"以工补农"的战略，即水权转换的受益者采取经济补偿的政策，补偿农业水资源水权转移额外投入或经济损失，地方政府可适当提高工业用水或生活用水价格，将所积累的资金用来投资节水农业或对水资源转移者给予补偿。然而，由于国家对水的政治权力被一再强调，水的私人收益被认为寓于公共利益之中，农民用水户的水权收益并不能得到有效保护。⑤

按照《内蒙古自治区盟市间黄河干流水权转让试点实施意见（试行）》，在内蒙古引黄灌区，水权转换的费用主要包括节水工程建设费用、节水工程和量水设施的运行维护费用、节水工程的更新改造费用、工业供水因保证率较高致使农业损失的补偿费用、必要的经济利益补偿和生态补

① 折晓叶：《县域政府治理模式的新变化》，载《中国社会科学》2014年第1期。

② L. Kahkoen, "Quasi-markets, Competition and Market Failures in Local Government Services," *Kommunal Ekonimi Och Politikm*, vol. 8, no. 3, 2004, pp. 31–47.

③ 王学渊、赵连阁：《中国农业用水效率及影响因素——基于1997—2006年省区面板数据的SFA分析》，载《农业经济问题》2008年第3期。

④ 石腾飞：《灌溉水权转换与农户利益的关联度》，载《重庆社会科学》2015年第1期。

⑤ 王晓东等：《中国水权制度研究》，郑州：黄河水利出版社，2007年，第163页。

偿、国家规定的其他费用等六部分。此外，相比美国西部、澳大利亚等地农业水权转换的成功实践，在初始水权分配依赖地权的情况下，人均耕地的限制也制约了中国农民用水户的节水意愿。[①]

另一方面，水权转换的社会成本过高。水权的"权"不但指对水资源的配置权力，还包括因水而生的田间灌溉管理权。在清水区的灌溉水资源管理与水权交易过程中，我们注意到，水权不单纯是水资源本身的问题，其涉及田间作业的方方面面，如基于农业解释所发展出来的缩小田块、定额灌溉、作物（玉米）限种等管理措施。清水区地处干旱的内蒙古西部，由于降水稀少、蒸发旺盛，灌溉过程中的土地耗水问题十分严重。这个时候，缩小田块和改革过去大水漫灌的做法便成为节水灌溉的重要措施。清水区黄管局最早要求农户一亩三畦，就是一亩地分成三分左右大的地块，这样就能加快流速与减少灌溉用水的浪费。然而，在实际操作过程中，农户发现田块过小不利于耕作，同时担心过快灌溉会导致灌水不够，因此，农户始终不愿意缩小田块。最后黄管局调整到两亩三畦，即两亩地分成三块七分左右大的地块，最大不要超过一亩。这样既便于耕作，也利于节水。但在实际操作过程中，农民用水户一般都很难做到，一般地块都在两亩以上。

在灌溉用水的田间管理过程中，虽然政府加大了对农民用水户的管理，但是，由于农户节水的意识并不高，因而节省出来的用水指标始终有限。此外，由于用水指标的减少，在每年6—8月份的灌溉高峰季节，农户与政府之间的用水纠纷也在增多。

第三节　市场参与与农民节水意愿的提高

产权是一种市场行为，它界定的主要是社会中人与人之间的权利与义务关系。在社会生活中，多元社会主体常围绕着产权的制度安排而展开博弈。虽然有学者指出农用水权的市场化流转不仅能够激励农业节水，还具有其他方面的社会经济效应。[②] 然而，在地方实践过程中，由于水权制度

---

① 王亚华、田富强：《对黄河水权转换试点实践的评价和展望》，载《中国水利》2010年第1期。

② 姜东晖等：《农用水权的市场化流转及其应用策略研究》，载《农业经济问题》2011年第12期。

建设不完善，水资源"准市场"运作主要由地方政府的行政力量来组织和落实。换言之，目前宁蒙地区的水权转换还是比较初级的市场形势，是一种以地方政府为主导的水权交易与水市场。在这一过程中，地方政府既是水资源的宏观调控者和监管者，同时也是水权转换的直接推动者，甚至是参与者，这与基于市场主体平等自主的市场交易还有相当远的距离。[①] 因此，我们有必要通过完善"准市场"机制来进一步推动农民的节水意愿与水资源的优化配置，并发展出新的水资源问题治理模式。

综合前章所述黄河流域水权制度的改革历程，可以发现政府为摆脱水资源管理不善的泥淖，一度积极地以准市场机制作为改革水资源管理绩效不彰的策略选择。但是，在实施的过程中，水权与水市场的建设却往政府主导型的方向发展。在发展过程中，无论是农民的水权收益过低，还是政府管理的成本过高，都可以理解为大而不当的政府管制所产生的"政府失灵"现象，是作为水权供应方的农民用水户所受市场激励不够的产物。因此，如何通过区域内工农资源的互补、整合与共享，提高农民用水户的节水意愿与水资源的优化配置，这无疑是当前水权转换与水资源问题治理的焦点。而准市场事实上也正是围绕这一关注点，形成的一种相关水资源占用主体之间的合作关系网络，从而形塑农业节水、水权转换、水市场建构等区域水资源问题治理的途径。

一、水权转换与节水灌溉技术应用

按照《内蒙古自治区盟市间黄河干流水权转让试点实施意见（试行)》，在内蒙古引黄灌区，通过水权转换获得的资金在灌区主要用于包括灌溉渠系及其配套建筑物、量水设施及其新增设备的修建、运行维护与更新改造。2014 年之后，清水区开始引进农业技术公司，在灌区推广膜下滴灌技术。膜下滴灌不需通过农渠输水，最主要的设备为滴灌管道和蓄水池。然而，按照自治区政府相关水权转换的政策规定，水权转换资金主要用来进行渠道衬砌等节水工程，这就使得新推广的膜下滴灌技术得不到相应资金的支持。

上面的政策没有研究透，还是农渠衬砌。我们从 2012 年开始大规

---

① 胡和平、王亚华：《灌区改革中的水权问题》，载《中国水利报》，2001 年 10 月 18 日，第 003 版。

模农业衬渠，整个灌区花了估计几个亿的钱把渠道铺上了。渠道铺好了钱也花上了，紧接着农业节水灌溉，发展膜下滴灌，开始修蓄水池。但是，水权转换后，企业给的钱仍然用来修水渠，不是用来修膜下滴灌需要的蓄水池。2014 年还在进行渠道衬砌，最后钱是花掉了，但是水没节省下来，所以说这个钱应该花在修池子上了。渠道衬砌在当时的情况下确实先进，但既然要做节水灌溉了，就不该再把钱花在修渠上（访谈个案，NMQ20170802A）。

另外，在水权转换资金运营过程中，农民的用水权益与补偿权益并不列入其中。以南岸灌区的水权转换资金为例，它主要包括以下三个部分：1. 第一年到位的 400 万元主要用于实施水权转换、启动节水改造前期费用支出；2. 第二年到位的 800 万元，主要用于新增工程的日常维护和管理，部分资金可用于分流人员的经济补偿、偿还社保欠账等；3. 第三年起，每年到位 1300 万元，主要用于灌区工程的岁修及日常维护。[①] 换言之，水权转换的资金并没有直接补偿给农民用水户，而是成为地方政府财政资金中的一个重要补充部分。这些资金大部分用于渠道衬砌等水利工程设施的日常维护、人员工资及偿还社保欠款等。由于农民用水户并不能直接享受节水灌溉给其带来的差价，从而也缺乏相应的节水意愿。

基于以上情况，2014 年之后，清水区政府改变了水权转换资金的应用途径，以项目资金补贴的方式，对采用膜下滴灌技术的相关企业、个人、合作社进行支持。从 2015 年开始，政府每年拿出五百万元资金，对进行产业结构调整和节水灌溉的合作社进行补贴。具体补贴为：种植属于政府划定的结构调整类农作物的补贴 300 元/每亩，林果业 500 元/每亩，采用膜下滴灌技术的补贴滴灌带 150 元/亩。这些补贴是在原有的粮食补贴之外的。总体来算，加上粮食补贴和这些补贴，种植产业结构调整作物一亩地补贴能达到 800 元左右。

二、水权转换与现代农业的发展

自清水区水权转换政策提出后，政府就一直在探寻节水农业的发展路径，希望通过农业种植结构调整，推广种植耗水量少的农作物。在这一过

---

① 张会敏、黄福贵：《黄河干流灌区节水潜力及水权转换理论探索》，郑州：黄河水利出版社，2009 年，第 125 页。

程中，从新疆引进的膜下滴灌技术成为政府官员推广节水灌溉的新思路。2014年，来自新疆的宏邦节水灌溉公司被政府引进，以项目的形式在清水区进行滴灌田种植。灌区滴灌项目采用政府+企业的模式，在政府的组织下，宏邦公司以每亩400元的价钱承包了乌村4000亩土地，签订了为期15年的承包协议，主要种植农作物为玉米、葵花、棉花。除宏邦公司外，东北垦丰玉米种子公司、甘肃大禹公司也在清水区承包了一定数量的耕地从事滴灌种植。课题组在宏邦公司调研期间，公司负责人告诉我们，宏邦公司在新疆种植滴灌田，推广膜下滴灌技术已经二十多年，技术已经相当成熟。据宏邦公司和地方政府称，相比于漫灌而言，滴灌节水率在35%左右。

近年来，中央政府鼓励通过专业合作和股份合作的方式，壮大集体经济，实现城乡一体化发展。借助于中央政府的这一政策号召，清水区地方政府积极推动农业合作社建设，鼓励农民将手中的土地流转出去，通过合作社统一调整种植结构，发展用水指标较少、经济价值高的农作物，从而在节水的同时，实现农民增收。清水区农民合作社发展的特殊性来自其所处资源环境的现实约束，也就是我们在前面指出的水资源开发中因水权转换导致的农业用水危机。合作社发展的目的在于通过一种"市场嵌入"的方式，推进农业节水、农产品种植结构调整与农民增收。

在塔村，合作社以450元/亩的价格将农民的土地承包过来。农民将土地流转到合作社，一方面可以拿到土地流转费，另一方面合作社把农民返聘过来，农民通过给合作社打工的方式，获得收入。如今，塔村80%的土地已经流转到合作社手中，其余20%的土地由自己耕种。其实这部分自己耕种土地的农民虽然没有把土地流转到合作社，但管理方式、作物结构、技术应用等方式是在合作社的引导下进行的。

农民的市场风险主要由合作社承担，农民不管种不种地，每亩土地都会有450元收入，而且农民给合作社打工的收入不以合作社盈利与否有关，合作社的风险进一步由政府和村集体控制。政府通过经济杠杆来推动合作社进行产业结构调整和农业节水的同时，也降低了合作社的市场风险。这意味着，即使合作社没有收入，除去土地流转费和成本，也不至于亏损太大，这就为合作社的经营提供了基本的保障。村集体也会相应地对合作社进行扶持，塔村每年拿出三万到五万元用以扶持合作社发展。同时，村集体也会为合作社提供市场信息、技术支持等相关服务。

我们嘎查现在是清水区最大的合作社。这里面有风险但收入也很可观。一方面是各种贷款、补贴、贴息政府直接给合作社，为合作社提供了基本保障。另一方面，政府每年会组织村民去全国各地考察，了解其他人在种什么。考察学习是最重要的。过去都是领导出去一看回来告诉农民这个东西能种，结果种上赔了。现在我们领导不自己出去看，我们领导出去考察也把农民带上，把合作社领导带上，把他们带到市场上，让他们自己去看，回来自己决定种什么。我们这个洋葱、藜麦、毛豆都是带出去考察学习以后，农民自己种的（访谈个案，NMQ20170803A）。

2014—2016年三年间，在村集体的组织之下，塔村合作社在农民土地流转、农业种植结构调整等方面做了大量工作。2014—2016年三年运行困难期后，在2017年课题组调查期间，塔村合作社正式走向营利。截至2017年8月，清水区滴灌面积达到灌区土地总面积的70%。除了灌区传统的玉米、葵花等农作物外，西红柿、毛豆、辣椒、藜麦、葱等节水型经济作物也开始大量种植，灌区种植结构调整成果显著。

前几年灌区农作物整个就是玉米和葵花对半，后来玉米连续赔了三年，价格从一块跌到六毛、五毛，而且产量越来越低。国家把玉米价格放开之后，很多国外的玉米进入中国市场，我们清水区的玉米就不行了，卖不上价格。实在是没办法了，后来我们就进行产业结构调整，不然农民增收相当困难（访谈个案，NMQ20170803A）。

为了降低市场风险，灌区目前种植玉米大部分为两用型的，既可以作为粮食作物，也可以用作青贮饲料。如果当年青贮市场价格好，农民可以提前收割玉米桔秆，将其作为草料售卖；如果青贮价格不好，则可以等玉米成熟，出售玉米籽。这样一种方式有效地应对了市场风险。

第四节　清水区资源节约型工业发展模式

基于清水区的实践，在地方工业化的发展压力下，地方政府的水资源治理行为同时具有行政控制与市场经营的统合治理特点。借助"准市场"，公共资源已替代农牧业成为民族地区经济社会发展的核心要素，与工矿企业有关的税收也逐渐替代国家转移支出，成为后税费时代西部民族地区地方政府财政收入的主要来源。在这样的背景之下，地方政府需要用新的治理方式来动员和整合辖区内的相关资源，从而实现工业发展、环境保护与社会发展的共赢。随着水权转换的力度加大，为了提高农民的节水意愿，从有限的农业用水中提取出更多的工业用水指标，清水区政府提出"要坚持用工业化的理念发展农业"和"就地工业化"的发展思路，要求加快农业工业化的步伐，从而尽量压缩耕地面积，让出更多的水权指标，为下一步的工业化提供资源。

水资源及其他自然资源的转换与开发所推助下的工业化，无疑可以迅速加快民族地区的地方工业化进程。当自然资源开发成为地方政府新的增长动力之后，资源产业便替代传统的农牧产业成为民族地区经济社会发展的主导性战略，同时也给地方政府提供了一条相关资源治理的新途径。虽然水权转换并不能直接给农户带来明显的经济利益，但通过地方工业化与现代农业的发展，水资源问题的"准市场"治理使地方社会走上了一条既能促进农业节水灌溉、农业产业结构调整和农村社会发展，又能节约黄河水资源、促进招商引资、推动地方工业化发展的良策。

一、农民转产与就地工业化

除了工矿企业出资实现农业节水之外，地方政府还通过积极引进外来农业企业的方式，加快农村土地流转和促进农民就地工业化。2012年冬天，清水区政府从新疆等地引进了多家节水公司与农牧业企业，积极引进番茄红素、葵花榨油等加工企业，鼓励农牧民将手中的土地流转出去，并积极发展用水指标较少、经济价值高的沙生产业和特种养殖业，从而节省更多的用水指标。2013年，为了进一步促进农业转型与农民转产，清水区兴建了一个清水区农民创业园，加大宣传和资金扶持力度，鼓励农民自主创业，进而实现农民就地就近转移转产，增收致富。

把水方节约下来，劳动力也就节约下来了，他们转换以后到工业去。我们计划用5年的时间搞一次农业革命，把畜牧业从根本上转换掉，从而使生态得到休养生息。然后我们计划大力发展工业，帮助农民转到工业上去，成为产业工人。像现在，农民很辛苦，大中午还在地里，一天跟在羊后头。以后在车间就不是这样子（访谈个案，

169

NMQ20140809A）。

　　总的来讲，水权转换和工业化的发展，使得地方财政收入有了大的增长。土地流转以后，除了流转收入，还必须改变获得收入的方法，这个方法就是工业。你从农业上得的不多，我们就走向新的产业。所以我们现在农民也好，牧民也好，都在让他们积极地转产，转产的目的就是让他们改变收入方式。我们的做法就是在这边建立工业园区，积极鼓励农牧民转产转业（访谈个案，NMQ20140823B）。

在区域水资源问题的治理过程中，虽然参与水资源占用的各社会主体的利益诉求不同，例如农民用水户希望占用更多的水资源来实现农业增产增收，而工矿企业则需要通过农业节水来实现企业落户与发展，但是，通过资源开发实现地方经济社会发展的要求也使得相关水资源占用的主体彼此关联和相互依存。由于市场力量的参与，水资源市场机制的发挥有效地推动了工矿企业的落户与地方工业化的快速发展，使得一部分农民有了转产增收的可能，并提高了农业节水的积极性。在政府的主导之下，一部分农户开始将土地流转给节水效益更好、经济产出更高的外来农业企业，从而获取价值不菲的土地租金。另外，得益于当地工矿企业与农业企业的落户和发展，一大部分转产的农户或就地就业，或参与农牧民工业园的投资创业，或通过出租房屋、经营小买卖来服务工业企业，获得较以前更为可观的经济收入。

二、资源节约型工业的发展

　　除了借助农业企业和合作社推广新型节水灌溉技术外，地方政府还对水权转换的另一方——企业——进行了相应的治理工作。一方面，改变水权转换招商引资企业类型，拒绝污染型企业入驻；另一方面，加大对已经入驻企业的环境治理力度，并进一步推进其产业转型与技术升级。

　　在今后的招商引资中，坚决不得引进环保不达标的企业和项目，对不符合环保要求、产业政策和落后产能的项目要坚决拒之门外，绝不能予以提供水源和进驻园区。今后要走绿色发展、长远发展的道路，要坚决贯彻、抓好落实，绝不能再出现以牺牲环境、破坏生态为代价换取一时的经济增长。我们一定要牢固树立五大发展理念，尤其是绿色发展理念，一定要坚持生态底线、保护好生态环境，一定要按照全盟"园区集中、产业升级、环保达标"的发展目标，加快推进自治区生态园区建设。①

地方政府之所以会做出水资源开发利用以及招商引资发展理念的转变，与农牧民的环境抗争与国家层面推动的环境治理和绿色发展密切相关。诚如上篇所述，2005—2014 年间，借助水权转换，一大批工矿企业项目在清水区落户，制造了严重的环境与社会问题。早在 2007 年，牧民便就清水区矿业开采以及工业园区化工企业污染问题向嘎查、地方政府反映过情况，但由于地方政府与工矿企业的利益联盟，导致牧民的诉求未能实现。2011 年，牧民继续到旗人大上访，虽相关牧民获得一定经济补偿，但企业并没有停工。2013 年，借助中央巡视组分赴各地查处腐败、违反八项规定等问题的机会，清水区环境抗争的积极分子将清水区的环境污染问题反映给了巡视组。随后，中央媒体对清水区工业园污染事件进行了深度专题报道。在这一过程中，中央领导先后多次对清水区环境污染问题做出指示，国务院成立专门督察组，敦促清水工业园区进行大规模整改。全国各地的媒体也纷纷对清水区环境污染问题进行了全方位的报道与跟踪。

在各方压力之下，清水区政府做出"采取措施加快整治环境问题"的反馈，开始对污染企业进行治理。从 2014 年起，清水区政府先后关闭了 12 家污染企业，并积极推动工业园地貌恢复、绿化工程建设以及农牧民生态补偿工作。同时，积极促进传统工矿、化工企业升级转型与技术革新，并依托境内丰富的清洁能源资源，加快培育绿色新兴产业，在传统老工业园之外，建设了新的生态工业园。随着清水区环境治理的推进，在水权转换政策实施过程中，传统的工矿、化工等资源型产业的招商项目越来越少。

综上，通过水权制度建设与市场竞争逻辑的引入，"准市场"机制的发挥有利于推动民族地区实现"以水生财，以财治水"的水资源问题治理模式及资源节约型工业发展模式。一方面，通过农业节水与水权转换，凸显灌溉水资源的经济价值，有利于通过水权转换收入和工矿企业税收这两种渠道来缓解后税费时代地方政府面临的资金约束，推动民族地区工业化发展进程；另一方面，快速发展的工业化带来的经济效益又能够在短期内显著推动农业节水，地方政府有更多的资金来引进农业节水企业、推广农

---

① 魏某在开发区领导干部大会上的讲话，http://tgl.gov.cn/nd.jsp? id=1771#_np=127_633，2016 年 10 月 12 日。

业节水项目。水资源市场价值的提升和水权转让规模的扩大使得农民用水户开始有意识选择有利于农业节水的经济发展模式，以此形成了工业反哺农业和农业节水自我强化的正反馈过程。总而言之，水资源的"准市场"运作有利于协调参与水资源占用的多元社会主体之间的互动关系，推动实现区域水资源问题治理与民族地区的经济社会变迁。

第五节　总结与讨论

当前，我国民族地区正处在一个重要的发展机遇和转型期。依托丰富的自然资源及赶超型工业化进程，民族地区与东部较发达地区的经济差距正在不断缩小，民族地区纷纷迈向"跨越式发展"道路。然而，追求快速型、压缩型的发展往往是以牺牲环境和社会公平为代价的，不但不能发挥民族地区的资源、区位和政策优势提升人民的生活质量，还会造成民族地区发展的内生性及包容性不足。而且，以资源开发为依托的单一经济增长显然无法支撑民族地区的"跨越式发展"，在经济和财政收入快速增长的背景下，资源开发所诱发的环境及社会展问题不减反增。为此，必须通过加快生态文明体制改革，来充分利用民族地区资源开发的自身独特性，协调其在自然环境、制度框架、文化等方面的特殊性，进而实现资源依赖型发展模式的变革与推进绿色发展。

本课题研究发现，在经济新常态的大背景之下，作为民族地区生态文明体制改革和市场化机制引入的重要制度手段，"准市场"不仅有利于解决民族地区因资源开发引发的突出环境问题，同时也有利于加大生态系统的保护力度，推进民族地区的绿色发展。在西部民族地区的水资源开发过程中，面对日益严峻的水资源短缺与生态环境问题，我们应该将水资源的治理置于区域社会经济增长、资源环境保护与社会发展的整体性框架之中去考虑。过去十多年来，内蒙古地区水权转换的地方实践及其所带来的经济社会迅速发展的成功经验表明，水权制度建设有利于黄河流域的水资源通过市场机制，在不同地区、不同行业之间进行产权交易，从而实现资源的优化配置和可持续利用。同时，通过水权制度建设和水权转换，有利于民族地区的地方政府最大限度上利用有限的水资源，从而实现矿产资源开发、外来工矿企业落户、灌区社会发展与水资源可持续利用的多赢。

通过水资源的"准市场"运作，清水区逐渐发展出"以水生财，以财治水"的水资源问题治理模式及资源节约型工业发展模式。基于清水区水资源问题治理与社会发展的新途径，本课题研究发现，"准市场"不仅是一种公共资源的配置方式，也是一种促使政府、市场和社会都能够积极运转起来的机制。在水资源问题的治理过程中，"准市场"的治理范畴不仅包括政府部门，也涉及工矿企业、农民用水户等其他社会主体。作为水权制度建设的一部分，水资源管理的"准市场"机制将过去单一角色的政府控制管理逐步分离为供应方（农民用水户）、购买方（工矿企业）与管理方（地方政府）等多重角色，从而跨越政府与市场的二分界线，建构起统合地方政府、工矿企业、农业社区、农民用水户等相关水资源占用社会主体的合作关系网络。

通过清水区水资源问题的治理经验，我们可以发现，水资源配置的市场机制发挥有利于促进政府与市场关系的改善，水权转换也能够将稀缺的水资源配置到政府希望推进的领域与地区，从而实现水资源经济效益的最大化与资源的可持续利用。同时，地方政府也可以通过水权转换获取更多的农田水利资金来实现农田水利灌溉系统的维护和运转，从而提高农业灌溉的效率，节省更多的灌溉水资源来发展工业。而农民用水户也可以通过经济发展和"工业反哺农业"从中受益。总而言之，"准市场"将水资源开发与农业节水、市场交易与行政控制等要素镶嵌在水资源的国家治理脉络之中，从而为政府与市场关系的改善、农民用水户的权益维护提供了新的契机。

值得注意的是，正是由于水资源的"准市场"运作过程中存在多元社会主体间的复杂互动关系，因此，无论是农业水权的确权与明晰，还是地方政府职能的完善，抑或市场机制的有效发挥，在水资源问题的"准市场"治理过程之中，其顺利实践都还有赖于更为深入的水权制度建设。

一方面，我们应该在明晰水权的基础上进一步促进"准市场"的有效运作。在西方公共资源管理的"准市场"机制之中，用户能够通过选择公共资源或服务的提供者，如择校、择医等来刺激资源供应者的积极性，从而提高公共资源的运作效率。[1] 因此，"准市场"作用的发挥在于培育有效的市场，在于形成众多供给者（农民用水户），从而在相对公平与自由竞

173

---

[1]　T. Agasisti and G. Catalano, "Governance Models of University Systems towards Quasi-markets? Tendencies and Perspectives: A European Comparison," *Journal of Higher Education Policy and Management*, vol. 28, no. 3, 2006, pp. 245-262.

争的"水市场"平台之上与众多的购买者（工矿企业）之间形成相应的市场竞争，进而实现水资源的优化配置和可持续利用。农民的节水意愿不强是水权与水市场不完善的结果。由于水资源的地方政府垄断经营，现有的水权制度并不能有效地激发水资源占用者的节水意识，进而不能激发农民用水户的节水积极性和提高水资源的利用效率。基于公共池塘资源"明晰产权"的经验教训与社区产权的实践，[①] 在现有的制度框架制约之下，我们可以借鉴集体所有制下的土地家庭承包制，通过明晰和确权的方式赋予社区以水权，在此基础上给农民用水户颁发用水证，从而通过社区水权转换的方式来有效推进农民用水户的节水积极性和水权转换。

另一方面，我们应该在规制地方政府行为的基础之上进一步完善水市场的运作。从中央政府主导初始水权分配，到地方政府主导的水权交易，再到农民用水户层面的水权出让，在自上而下的水资源问题产权治理的脉络之中，市场机制逐渐让位于政府的行政配置，从而使得水权慢慢淡出水资源管理的实践，作为资源配置方式的水权制度建设也越来越被纳入地方政府主导的地方工业化发展的脉络中。换言之，"准市场"机制的有效发挥还在于有效规制地方政府的行为。"准市场"并非要求政府放弃或放松水资源管理的责任，相反，"准市场"对于地方政府角色与功能的完善提出了更高要求。在水市场的运作过程之中，地方政府应该在提供规则和促进合作的基础上降低水权的交易成本，促进"准市场"机制的发挥与水市场的完善。此外，政府部门还应该在水市场平台的建构和管理过程中更为积极地发挥价格协商、监督管理等职能，从而在工矿企业与社区之间形成公平与公正的水权交易模式，让彼此之间的交易成本降到最低，继而实现水资源的可持续利用与经济效益最大化，提高地方政府在公共资源管理过程中的效率与品质，并发展出资源开发、社会发展与环境保护多赢的统合治理模式。

执笔人：刘敏　石腾飞　包智明

---

① 朱冬亮：《村庄社区产权实践与重构：关于集体林权纠纷的一个分析框架》，载《中国社会科学》2013年第11期；刘敏：《农田水利工程管理体制改革的社区实践及其困境——基于产权社会学的视角》，载《农业经济问题》2015年第4期。

第八章　社会参与：社区建设与
水资源社区治理

——内蒙古清水区案例

　　着力解决发展不均衡不充分问题，大力提升发展质量和效益，探求资源开发、环境保护与社会发展之间的协调发展机制，更好地满足民族地区人民群众对于美好生活和优美生态环境的需求，是推动民族地区生态文明建设及实现民族地区经济社会全面发展的关键。在这一过程之中，我们不仅要建设以政府为主导、企业为主体的环境治理体系和绿色发展模式，同时也要使民族地区的基层社区和广大农牧民参与到资源开发、环境治理、生态保护与绿色发展的过程中来，进而推动形成人与自然和谐发展的现代化建设新格局。

　　民族地区的生态文明体制改革和绿色发展需要社区参与、居民参与，即要通过发挥人和社会的自主性，来推动环境质量的改善和"环境—社会"关系的协调。[①]　然而，目前民族地区的社区自主治理能力的程度还不够高，传统农业生产方式的转型与现代节水农业的发展还主要依赖行政手段推动。本章研究的具体问题是，如何解决基层社区资源开发和利用中存在的问题？如何推动广大农牧民主动参与到节约资源和保护环境的过程中来？如何完善基层社区建设和自主治理能力的培育，形成节约资源和保护环境的生产方式和生活方式？

　　上一章讨论了清水区[②]水资源的市场运作与区域水资源问题治理，在这一章，我们将视角转向村庄社区内部，探讨水资源的社区自主治理机制。在地方政府水权转换的大背景下，以公共池塘资源的社区自主治理为起点，透视村庄社区内部的水资源管理实践，并提出社区水权的分析概

---

　　①　郑杭生：《"环境—社会"关系与社会运行论》，载《甘肃社会科学》2007 年第 1 期。
　　②　本章研究的调查点——清水区的基本情况见第四章第一节。

念，强调"村庄社区"作为独立的治理单位，其所具备的公共事务治理能力与实现"环境—社会"关系协调发展的能力。

第一节　农民用水户协会与社区治理

公共事务如何治理一直是学术界关注的焦点。哈丁用"公地悲剧"来解释公共资源的过度利用和枯竭问题，认为其实质是个体的理性行为导致了资源利用的非理性后果。为缓解"公地悲剧"和促进公共资源的可持续利用，哈丁提出国家干预以控制人口和产权私有化以克服公共资源的外部性这两种解决途径。[1]然而，正如上篇论述的国家主导的黄河流域水权制度建设的案例表明，在自然资源的开发过程中，公共资源的治理困境并没有因为国家的介入而得到解决。同样，相关研究也指出，产权私有化亦难以解决公地悲剧问题，反而常常因为理性的增长和"技术的外部性"问题而引起更严重的资源枯竭。[2]

农村灌溉用水作为一种典型的公共池塘资源，具备非排他性和开放式获取的特征，在实际运作过程中，极易陷入哈丁所言的"公地悲剧"困境。鉴于公共池塘资源管理过程中的"政府失灵"与"市场失灵"，奥斯特罗姆提出小规模公共池塘资源治理的第三条道路，即社区自主治理模式。在奥氏看来，较小规模的公共池塘资源系统内部，频繁互动与沟通的人们之间可以相对容易地建立起彼此间的信任与互惠机制，这使得他们更容易采取集体行动，合理利用与保护公共池塘资源。[3]内涵于传统社区中的禁忌文化、宗教观念、乡土道德以及地方权威构成了一套复杂的管理体系，可以有效治理社区公共资源。[4]

社区自主治理理论提出以后，在世界各地公共事务治理实践中得以体

① Garrett Hardin, "The Tragedy of Commons," *Science*, vol. 162, 1968, pp. 43–48.

② Colin Clark, "Restrict Access to Common-Property Fishery Resources: A Game-Theoretic Analysis," in P. T. Liu (eds.), *Dynamic Optimization and Mathematical Economics*, New York: Plenum Press, 1980. Gordon Scott, "The Economic Theory of a Common-Property Resource: The Fishery," *Journal of Political Economy*, vol. 62, no. 2, 1954, pp. 124–142。

③ 埃莉诺·奥斯特罗姆:《公共事物的治理之道——集体行动制度的演进》，余逊达、陈旭冬译，三联书店，2012年；卢现祥、朱巧玲主编:《新制度经济学》，北京:北京大学出版社，2007年，第337页。

④ J. Carney, "Converting the Wetlands, Engendering the Environment," *Economic Geography*, vol. 69, no. 4, 1993, pp. 329–348.

现。具体到中国乡村社会的灌溉水资源管理，则是依托农民用水户协会，进行灌溉水资源的自主治理。农民用水户协会是一个灌区内的农民用水户按自愿原则组织起来，进行水资源自主管理的互助合作组织。在相关研究文献中，对农民用水户协会的命名或有不同，如灌溉联盟、用水户组织、用水者协会等，但其实质都是一种参与式的灌溉管理组织，目的在于减轻政府负担，转嫁用水责任和权利，提高灌溉效率。[①] 其实，早在古代农耕社会时期，我国便已经有了农民用水户协会的雏形，表现为乡绅、族长、乡民、族人等组建的非正式的民间自治联盟。虽然这些民间自治组织在中华人民共和国成立后一度被人民公社和生产大队取代，不过，随着家庭联产承包责任制的实施，农村水利自治组织逐步恢复重建。

20 世纪 80 年代中期，得益于世界银行的项目推广，世界范围内兴起一场依托农民用水户协会进行的灌溉管理体制改革浪潮。借此改革契机，我国湖北省漳河灌区和湖南省铁山灌区于 1995 年率先开展了农民用水户协会管理模式试点工作。此后，在水利部等部门的联合推动之下，农民用水户协会这种参与式的管理模式在全国范围内迅速普及。[②] 2005 年，水利部、国家发展改革委员会、民政部发布了《关于加强农民用水户协会建设的意见》，提出田间灌排工程由农民用水户协会管理是灌区管理体制改革的方向，并要求各有关部门和灌区管理单位采取切实有效的措施，加强和积极培育、支持农民用水户协会的建设。在这样一种政策引导之下，全国各大灌区的农民用水户协会如雨后春笋般涌出。

清水区水权制度实践的效果表明，要通过水权制度建设来实现灌溉水资源的可持续利用与黄河水资源市场价值的最大化，这不仅涉及灌溉水资源本身的复杂自然属性，同时也牵涉到政府科层结构对于水权制度执行的结构性制约。为了应对灌溉水资源占用过程中的自然与社会的复杂性，地方政府开始逐渐将灌溉水资源的管理权力下放到村庄社区。借中央政府推广用水户协会重构水权制度之机，清水区政府也在灌区成立用水户协会，从而将其作为地方政府在村庄社区内部灌溉水资源管理方案执行的代理机构。2006 年 7 月到 2007 年 5 月间，在黄灌局组织协调之下，清水区八个农业村庄相继成立农民用水户协会。协会直接归村委会管理，但是与村委

① 林关征：《水资源的社区产权管理模式研究》，载《改革与战略》2008 年第 2 期。

② 郝亚光、姬生翔：《回顾与展望：近十年我国农民用水户协会研究述评》，载《华中农业大学学报》（社会科学版）2013 年第 5 期。

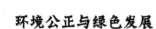

会是两套不同的系统。

依照清水区"农民用水户协会章程"的定义，用水户协会是由本协会辖区内的全体用水户代表通过民主方式组织起来的从事农业供水管理的群众性社会团体，是非营利性的互助合作用水组织。[1]按照农民用水户协会的性质定位，协会的主要职责是代表各用水户的意愿制订用水计划和灌溉制度，负责与供水单位签订合同和协议，负责本协会内水权分配方案的初始界定，并提供有关水资源的信息。其特点是通过用水户主动、积极参与用水管理活动，实现节水和增收的目标。[2]

第二节　高村社区建设与灌溉水资源治理

一、高村农民用水户协会运行情况

清水灌区自 2007 年开始陆续成立农民用水户协会，但是在运行过程中大部分治理失灵，没能有效发挥自主治理的效果。高村是清水区最早成立农民用水户协会的村庄。与灌区大部分协会运行不良的状况不同，高村用水户协会具备较高的自主治理能力，自主治理效果显著。农民对协会支持率高，对于各项制度的遵从率也极高，黄灌局基于村庄社区水权管理制定的一系列规则，用水户协会基本可以将其在社区内部落实。

> 我们协会和其他协会不一样的地方在于我们可以按照黄灌局的种植结构要求完全控制住农户，别的村庄就做不到，让种 50% 的玉米，可能他们就种上 60%，70%。我们 40 亩地，50% 的玉米，我们的农民就是 20 亩玉米，20 亩其他。灌溉轮期的话，说十天我们就十天灌完了，他们不行，他们灌不完。我们灌完还得等着他们呢。我们这边没有套种（本来种玉米的，结果种成葵花了），都是单种，但是他们至少 60% 的玉米。今年还不明显，去年的话，三水的时候，他们那边叶子干得黄黄的，我们这边就好好的，区别就这么明显。他们不按比例走，后果就在这里。L 科长号召种小麦，我们农民基本都同意。农民也说只要种一部分小麦，种植结构就调开了。主要是其他村庄有的不

---

[1] 摘自《清水灌区农民用水户协会章程》，内部资料。
[2] 林关征：《水资源的社区产权管理模式研究》，载《改革与战略》2008 年第 2 期。

愿意。今年 30% 小麦，70% 玉米，一把就能把清水区的问题解决了，高温的时候小麦已经不灌水了。能种掉 2 万亩地的小麦，剩下这 6 万亩地水足足的。现在报给 L 科长 2000 亩，光我们村庄就 1000 亩，其余 7 个村庄才报了 1000 亩（访谈个案，NMQ20130726B）。

高村用水户协会属于灌区较为特殊的一个，与其余 7 个用水户协会运行状况截然不同，高村用水户协会是清水区唯一一个良性运行、发挥作用的协会。在课题组调研过程中，不论是高村村民自身还是其他 7 个村庄的村民，抑或是黄灌局、政府等工作人员，都对高村用水户协会的工作效果表示认同。高村协会可以严格按照黄灌局的要求控制种植结构、额定灌溉水方，轮期也维持在 20 天左右，村域内部灌溉秩序良好。也正是因为看到了高村用水户协会自主治理的成效，黄灌局将用水户协会在其余 7 个村庄进行推广。综合看来，高村用水户协会之所以具备如此之高的治理能力，源于社区内部的三大治理机制。

二、高村灌溉水资源自主治理机制

（一）信任与互惠机制

信任与互惠是集体社会资本的重要组成部分，在一个存在高度信任的组织体系内，人们相互之间易于达成集体共识，产生互惠行为，在资源存量不足的情况下，自愿与他人交换资源。[1] 信任与互惠作为一种非正式制度规范，促进村庄社区成员对于组织的认同感，有助于增强组织的凝聚力，能够使组织成员在缺乏政府资源支持的情况下，自发组织起来，通过集体行动，进行社区自治。[2]

高村信任与互惠是在一个长时段的历史进程中形成的。清水区是内蒙古自治区实行转移发展战略的生态移民安置基地。因此，包括高村在内的清水区各大村庄都是移民村。在移民搬迁初期，灌区并没有制定具体的灌溉制度，而是以一种"大锅饭"的形式进行农业灌溉。因为搬迁

---

① 赵延东：《"求职者的社会网络与就业保留工资：以下岗职工再就业过程为例"》，载《社会学研究》2003 年第 4 期。

② 罗家德、方震平：《社会资本与重建参与：灾后恢复过程中的基层政府与村民自组织》，载《WASEDA RILAS JOURNAL》2013 年第 1 期。

初期人口较少，黄委会配置的 5000 万立方水指标完全够用，灌区不存在水资源不足的问题。因为水资源充足，因此在农业灌溉过程中，农民用水完全不受限制，水管单位放任农民自行进行灌溉，最后统一按照一亩地 5 块钱的标准征收水费。然而，在当时，这些从牧区过来的牧民并没有灌溉经验，加之缺乏相应的组织协调，导致农业灌溉一度处于瘫痪状态。

> 刚移民那会儿，灌溉上主要是一种吃大锅饭的状态。刚开始我们搬迁的时候也没有成立嘎查，只有搬迁苏木，以搬迁苏木为单位。上面管的部门只有旗上下设的搬迁办公室。然后就是水电管理局，管水、电，宅基地也是他们管，整个灌区规划都是他们管，可有意思了。1995 年到 1998 年基本上就是大锅饭，水电管理局没有给我们各个头上制定制度，就把水给我们，也没有定额。刚开始搬迁过来好多人就不种，国家给清水区水的配额根本就用不掉，所以也就不限水。水电管理局每年春天将灌溉用水的总量给我们，然后由嘎查内部来调节（访谈个案，NMQ20140809A）。

> 那时候黄河水大，我们这些放牧的可没见过那么大的水，不知道怎么办，就拿石头堵，纯粹堵不住，水满地淌，庄稼冲得七倒八歪。本来这个地方风沙就大，地又浇不好，刚过来头四年，农业根本就没有收入，苦得很（访谈个案，NMQ20130723B）。

> 白天把渠道口子挖开开始灌水，然后就回家睡觉去了，不懂嘛，就想着让它慢慢淌着，估摸着时间差不多了来堵上就行。结果这一睡就把这事给忘了，水在地里淌一夜，也没人来接水，也没法排水。第二天到地里一看，灌渠冲垮了，庄稼也七倒八歪的，水也白白浪费在地里（访谈个案，NMQ20130726B）。

在 2002 年之前，清水区一直都没有成立政府机构和行政村。搬迁前期由各迁出地政府派相关人员在清水区成立临时搬迁指挥部，协调移民安置与农业生产。后期则由水电管理局全权负责清水区水、电、宅基地等各项事宜。在这一阶段，搬迁指挥部和水电管理局以农民迁出地为身份标识，以斗渠为单位组织其开展农业灌溉，且各苏木在移民当中选举产生斗长，具体负责本苏木移民所在斗的灌溉事宜。后期，为了方便组织灌溉，开展农业生产，苏木搬迁办按照移民耕地所在斗渠①划分其村庄归属，不论从哪迁出，现在居住在哪，凡耕地在同一斗渠的，即属于同一村庄。斗渠成为移民在迁入地最初的认同单位，同一斗渠上的移民有共同的身份归属。

高村耕地分布在三条斗渠上，每条斗渠配一名斗长，共选举出三名斗长。然而，斗长也大多为牧民，对于灌溉同样没有经验，同样无法有效组织灌溉活动。面对搬迁初期灌溉的混乱、无组织状况，高村三位斗长决定行动起来，自己摸索研究，组织农民灌溉。谢文庆作为高村斗长之一，组织召集了其他斗长，一起开会商量对策。一方面，他们根据斗渠量水仪的流量和流速，自己计算每一小时斗渠大约的过水量以及每亩地平均灌溉时间。反复经过几次实验之后，确立了每亩地的基本用水定额。这改变了以往灌水"大锅饭"的状态，额定每户水权总量以及具体灌溉时间。谢文庆带领其他斗长计算每户配水量，并制定灌溉时间表，把每家几点接水、几点灌完都列出来。

根据这一时间表，三位斗长各司其职，负责通知自己斗渠上的农户具体灌溉时间。灌水昼夜不停，农民排到哪个时间点灌溉就得哪个点去，错过灌溉的，不再回灌。整个灌溉期间斗长工作量非常大，虽然灌溉时间表已下发到各户，但是为了维持灌溉秩序，避免出现混乱情况，斗长仍然需要每家每户挨个通知，提前让农民到斗上等着接水，以免出现上家灌完，下家还没来接水的情况。因为没有手机等通信设备，斗长需要骑着摩托车挨家挨户当面通知。在谢文庆的组织带领之下，农业灌溉和农业生产走上正常轨道，移民看到了在清水区生产生活的希望。到1998年，也就是搬迁四年之后，大部分移民开始种地，他们对斗长的灌溉组织方式表示认可，积极配合斗长各项工作。在这样一种过程中，斗长成为灌溉自组织治理过程中的关键人物，同时也赢得村民的信任与支持。

高村农田灌溉从一开始就是自下而上组织起来的，在斗长的带领下，各用水户参与度也都较高。因此，当黄灌局提出成立农民用水户协会的时候，高村积极响应，率先成立了灌区第一个农民用水户协会。协会成立以后，在灌溉管理过程中作用显著，黄灌局将其作为典范，在全灌区推广，其他7个村庄也陆续成立用水户协会。

综合看来，高村村民相互之间信任与互惠关系的建立历程如下：首先，在搬迁初期，迁入地恶劣的自然环境、由牧业到农业生产方式的转变

---

① 移民分地采取的是抓阄的方式，而非按照居住地集中划分。

使村民不得不在相互帮助中重新学习新的生产技术、克服生产生活中的诸多难题，由此建立了初步的信任与合作机制。其次，作为"领头羊"，斗长在这一过程中发挥了关键作用。在斗长组织之下，基于地缘关系基础之上的村民合力灌溉，相互帮扶，灌溉秩序得以形成，农业生产得以维系。不仅斗长建构起自己的威信和信任度，村民相互之间的通力合作也建构起彼此的信任与互惠模式。灌溉需要合作进行，在灌溉过程中同一条斗渠上的农民休戚相关，上家接水、排水情况直接关系到下家的灌溉是否顺利。因此，相邻地块农民之间因为灌溉进行着频繁的沟通与互动，通过互借生产工具或互换劳动力，彼此之间的互助与合作也因此建立起来。

信任与互惠机制并不是高村独有的特性，因其是在一个长时间段内形成的，具备相同制度背景和生产、生活经历的各村庄都曾建立起彼此之间的信任与互惠机制，且一直在村庄内部延续着。这里专门将信任与互惠机制突出强调出来，是因为在高村农民用水户协会主导的灌溉自主治理过程中，信任与互惠成为自主治理成功的关键因素。在信息不对称的情况下，村民彼此之间的信任减少了密集的监督，大大降低了与集体行动问题相关的交易成本。[1] 信任、承诺、互惠等价值规范内化于社区成员的日常生活中，形成一种组织认同，最终作为一种非正式制度对组织成员产生约束机制，增强了社区的凝聚力，进而促进了自发性的合作与协调。[2]

（二）制度治理机制

自组织理论认为，制度供给问题是任何集体行动都需要解决的关键问题。[3] 道格拉斯在《制度如何思考》中认为，制度塑造了人们的思维方式和行为，通过影响资源分配或激励机制来影响组织或个人的行为选择。[4] 高村属于用制度管人的典型，这与道格拉斯让制度来思考的观点一致。通

① 罗家德、方震平：《社会资本与重建参与——灾后恢复过程中的基层政府与村民自组织》，载 *WASEDA RILAS JOURNAL* 2013 年第 1 期。

② Toshio Yamagishi and Midori Yamagishi, "Trust and commitment in the United States and Japan," *Motivation and Emotion*, vol. 18, no. 2, 1994, pp. 129-166; Toshio Yamagishi, Karen S. Cook and Motoki Watabe, "Uncertainty, Trust, and Commitment Formation in the United States and Japan," *American Journal of Sociology*, vol. 104, no. 1, 1998, pp. 165-194.

③ 埃莉诺·奥斯特罗姆：《公共事物的治理之道——集体行动制度的演进》，余逊达、陈旭冬译，上海：三联书店，2012 年，第 71 页。

④ 周雪光：《组织社会学十讲》，北京：社会科学文献出版社，2003 年，第 85 页。

过实地调查，课题组发现，清水区八个农民用水户协会都有灌溉管理制度，其不同之处在于制度的具体细节规定以及执行力问题。综合看来，协会制度规范制定完善、制度执行力高，村庄灌溉秩序则好，制度规范在一定程度上成为自组织有效运行的保障。高村即是制度严格执行的一个典范。村庄灌溉管理制度主要包括两方面的内容，一是关于当年种植结构、配水量的水事安排制度，二是对于违规灌溉的惩罚制度。

高村农民用水户协会管理制度（节选）

灌溉管理制度

第一条　灌溉管理主要是依据全年的阶段性供水计划、适时供水、安全输水、合理利用水资源，平衡供求关系，科学调配水量，充分发挥灌溉效益。

第二条　灌溉管理实行按计划供水、用水申报、合理调配、分段计量的原则。

第三条　每年三月由用水组汇总各用水户年度用水申请表，报协会汇总。协会与供水方协商后确定年度供水计划，报水管单位并与其签订供水合同。

第四条　每轮灌溉前，由各分协会（用水组）根据农作物需水情况向协会报告本轮灌溉用水计划，包括用水时间、流量及总水量。

第五条　严格灌溉调度，每轮灌溉用水户应提前一周申报，用水量增减提前 72 小时审报。

第六条　实行先交款后供水的原则。严禁人情水、关系水；严禁隐瞒或转移水方；严禁以权谋私，私减水方。

第七条　供（用）水计量确认，供用水双方在场，共同确认量水设备测定的数据，签字认可。

第八条　科学调度，合理配水。遵守轮灌制度，坚持局部服从全局的原则，杜绝漫灌，做好节约用水工作。

第九条　认真做好渠道安全巡护工作、放水期间各用水户必须派人巡堤守水，分段把关。抢险堵决，由协会集中各受益用水户力量实施。

第十条　认真做好水费计收工作，灌溉面积作为计算水费的重要依据，每年放水前，用水户与协会应重新核实一次灌溉面积，如有变

更，应在面积登记卡上进行修改。水量结算做到与村委会、协会、用水户三方相符。严格执行水价、不擅自提高水费，水费实行专款专用，不挪用、不截留。

第十一条　遵守灌溉纪律，维护灌溉秩序，服从统一调度，不准偷水抢水，不准破坏建筑物放水，不准私自截流放水，不准在渠道堤顶及坡内取土打坝。

第十二条　严格依法管水。对违章用水者协会根据情节，按协会章程有关规定进行处理，情节严重的报政府部门处理，触犯刑律的交司法部门处理。

奖惩制度

第一条　本协会辖区内的灌溉工程遭到人为破坏，应视其情节轻重由执委会做出限期修复、赔偿损失、减少供水、停止供水等处理。

第二条　斗渠上的进水闸、量水堰遭到破坏，肇事者应在 3 天内修复。拒绝修复者可由协会组织修复，先保证通水，后通过有关政府部门追究当事人责任。

第三条　凡在渠道上任意扒口、拦水者按偷水论处，并按上轮实际用水量的 2 倍追补水费。

第四条　凡发生争、抢水事件在用水区域范围内的，造成经济损失或人员伤亡的交由司法部门处理。

第五条　协会会员必须按期交纳水费，不得拖欠水费，拖欠者必须按月交纳 1% 的滞纳金，并限期交清，交清水费以前协会对其停止供水。

第六条　协会通过的兴办或维修灌溉工程的集资分摊费用，每一个受益者都必须足额交纳，对拒不交款者协会对其停止供水。

第七条　本协会与其他组织之间的水事纠纷，由上级部门协调处理。

第八条　协会每年年终召开代表大会，对灌溉工程管理、水费收缴、爱护工程、集资水利成绩突出的用水者，给予表彰奖励。

作为一种有约束力的制度，其产生必须是自下而上的，是集体选择的结果。且绝大多数受制度规范影响的人应该能够参与对制度的修改。高村灌溉管理制度通过召开村民大会由村民集体协商、投票通过。制度制定之后，也并不是一成不变的，而是会根据当年的水情以及各方面现实情况进行调整。也就是说，用水制度的制定、修改调整过程均需召开村民会议协商审议，在这一过程中，地方政府、黄灌局、村干部、农民用水户协会、农民用水户等各方主体都会参加，最终的决策在多元主体的协商之下达成。之所以这样做，一是因为村民的参与可以最大程度地保证用水制度适应村庄内部的特定条件，更具备可行性；二是可以起到知情同意、未雨绸缪的效果。因为制度是农民用水户集体选择的结果，因此当制度出现问题或执行不力时，农民用水户自身也需为此负责。自下而上的制度生产机制其实也是一种赋权于民的权力授予过程，将与农民息息相关的灌溉管理制度的制定权力交由农民行使。

制度都是农民自己定的，不是村委会或者用水户协会定的，我们都是通过召开社员大会，投票讨论通过的，自己定制度自己约束自己。一开春，年一过，大会小会老开呢，研究怎么给老百姓种地、灌水。超水了怎么罚，互相怎么监督，这些条例大家都商量好。政府也来人，村委会成员也在，村庄上社员也在，一起开会。要是政府决定种上产量上不去咋办，大家一起商量种上出啥问题他没说的嘛（访谈个案，NMQ20140802F）。

灌溉上的制度首先必须有，制度有了，一罚钱你总该害怕吧。没有制度约束不了人，农民之间约束不了，农民之间反正你也是灌水的，我也是灌水的。不能说我和你关系好你就能多灌点，根本不行，得严格按照制度（访谈个案，NMQ20140902C）。

制度是用来协调人们之间行为和关系的规则，事先同意遵守制度是一个易于做出的承诺。然而，作为有限理性的个体行动者，在利益的驱动下，个人理性极有可能与集体理性发生冲突，最终导致违反制度规范的行为。因此，当做出遵守制度的承诺之后，能否在事后实际地遵守这些规则，尤其是在机会主义诱惑很强的情况下也能如此，才是制度效力发挥作用的关键。[1] 在这里，对违反制度规范行为的制裁机制成为保证制度执行

185

---

① 黄志坚、陈树发、徐斌：《社会资本与农村合作组织的关系研究》，载《农业经济》2009年第2期。

力的关键。

> 各个用水户协会都有村规民约，都一样的。像我们这边，私自开一个口子，或者不小心开了一个口子，罚款500元，说罚就罚，一点含糊都没有，去年就罚了两户，不罚的话就谁都开呢，就乱了。不光是私自开口子，就是你不把口子做好，因为下面淌水，上面的口子必须堵好，不然下面淌，上面还流水，只要发现上面的口子开了，就算你是无意识的，也罚款500元，所以农户自觉性就高了，我水一浇完得把口子打的好好的，别让流水，不然罚钱呢。协会罚他500元，农户还互相不愿意，你把我的水淌掉了，我得找你要水呢，所以谁也不敢。农民都知道这个事情，我们出事情都是农户无意识出的，不是有意识去做这个事情。无意中，有时候浇水浇得非常辛苦，我上面浇着呢，还得一会下面的人来接水，我太累了，回家休息去，完了回来再来闸这个口子，农民有时候忙了，把这个事情一忘，哎呀，没办法，这个500块钱还得掏。所以现在农民就养成这个习惯了，不管多累，浇完口子必须收拾好，自动地就全做好了（访谈个案，NMQ20140902D）。

> 实际上协会刚开始是我们这边先运行开的，他们灌溉工区把我们的方法宣传到那边去的。我们一开始就管理得好，刚开始那阵子我们开一个口子50元，这个是1994年到1997年，现在500元，现在再50元不起作用，50元别人就开呢，二水一到三水跟前，我开个口子给你交50块钱，我肯定交钱开口子，气温那么高。这个方法我们一直保持着。这样能管理好，不然上家把水多淌了，下家本来配的30立方水，只能淌20立方。人一多肯定得有矛盾，必须管理。其实现在大部分都是无意中把这个口子忘掉了没弄好，很少有故意的。但是即使像这种也不行，也得罚，不罚的话很可能其他人也就私自开说是忘掉了。这样就管理混乱了。本来是有意的成了无意（访谈个案，NMQ20140902E）。

在高村，制裁机制同样通过制度建设予以保障，制裁机制制度化可以保证制度的稳定性和统一性。在高村农民用水户协会管理制度中，对于什么行为属于违规现象、违规的处罚方式等都予以了明确说明和规定。制裁对事不对人，所有人一视同仁，但凡是出现制度当中标明的违规行为，即使不是故意和恶意的，仍然没有讨价还价的余地。将对违规行为的处罚制度化，不仅大大增加了制度的合法性，同时也有利于保证制度执行的效力。除此之外，高村灌溉管理制度的制定也注意到了违规成本问题。也就是说，对违规行为的制裁须具备威胁性，违规的成本要远远高于不违规，这样才能有效规制村民的违规用水行为。例如，对于村民私自开口子灌溉的违规处罚，在 1997 年的时候 50 块钱即可以让村民心生忌惮，而在 2014 年，则涨至 500 元。因为基于村民当下的收入情况来看，50 块钱的违规成本要远远低于私自开一个灌水口子所得到的收益。

（三）小团体治理机制

高村用水户协会还遵循小团体的治理机制。高村共 87 户，村民全部为 1994 年从 ZQ 旗搬迁过来的人员。村内人口结构较为简单，基本没有外地移民，全部为在政府统一组织之下搬迁上来的正式移民。搬迁之后，政府予以每户分配 1000 亩宅基地和 40 亩土地的安置待遇。与其他村庄动辄一二百亩的土地相比，高村地少且平均。[①] 因为土地本身偏少，村民对土地的经营便额外重视。与清水区其他村庄村民多元化的生计模式相比，高村村民基本全部从事农业种植。综合来看，高村农业灌溉属于一种小规模公共资源系统，管理模式是一种小团体治理机制。

在大规模的资源体系中，因为利益相关者繁杂、异质性强，彼此之间通常缺乏沟通，统一行动协调不易，难以达成有效合作。而在小规模的资源系统内，一方面，与公共资源管理相关的信息量较少，信息处理对技术条件要求低，处理起来相对容易，社区内成员易于达成沟通，容易形成信息对称；另一方面，规模不大的小群体内部易于形成共享的思维、观念、社会习俗、道德伦理、声誉等"共享知识"的存在会约束参与者的行为，对制度供给发挥重要作用。[②]

小团体治理机制易于形成有效的监督。任何一项制度都有可能出现违

---

① 清水区的土地由荒漠草原改造而成，土壤贫瘠、沙化严重、产量较低。搬迁初期，因为自然条件、社会适应、政策等因素的影响，移民返迁的较多。这一时期，政府对于灌区内土地买卖不加限制，因此，这些返迁户的土地被留下来的移民以每亩 50 元左右的价格买走，部分有条件的村民购置土地多达二三百亩。然而，高村村民在搬迁前自身条件并不太好，没有多余财力在迁入地办置额外土地，再加上身为迁入地唯一一个来自外县的村庄，因组织、协调、信息沟通等方面的原因，导致村民土地基本限于政府分配的 40 亩。

② ［美］曼瑟尔·奥尔森：《集体行动的逻辑》，陈郁等译，上海：上海三联书店、上海人民出版社，2011 年。

规行为，然而，灌溉过程中的违规操作属于私人信息，因此难以对其进行监督。但是，在小规模村庄社区内部，大家可以相对容易地知道彼此的表现、贡献如何，监督机制也更易于生成。[1] 例如，轮灌制度使前后相继的两个施灌者成为天然的相互监督者，后取水者监督前取水者意图延长灌溉时间、增加灌溉量的企图，前取水者监督后取水者意图提早开始灌溉的企图。在这样一种监督体系内，监督由参与者自己实施，而不是依赖外部权威的强制性，因此，搭便车、投机取巧等违规用水行为能以较低的成本被发现。换言之，小团体治理机制把监督的成本分摊给社区各成员，实现社区各成员之间的自我监督，自我约束，而由此所形成的内部规范和互相监督要比外部权威机构实施的惩罚更有威慑力。[2] 在高村，各项规则的遵从度都很高，对于政府制定的各项灌溉规则，执行有力，村民对分水规则和监督处罚高度遵从。

三、水权模糊与跨域治理的社区失灵

高村用水户协会的自主治理能力得到政府、黄灌局以及农民的一致肯定。但是，访谈过程中，课题组却发现，高村仍然面临灌溉水资源不足的问题。通过调研得知，整个灌区供水遵循的是木桶原理，即最短一块木板决定整个木桶盛水量。在灌区，则是最晚施灌结束的一个村庄决定整个灌区的下一轮供水时间。因此这就造成因其他村庄灌溉轮期拉长，高村每一轮次灌溉结束之后，都得停下等待其他村庄该轮次结束才能开始下一轮的现象。通常来说，当最后一个村庄结束灌溉，轮期已经拉长到 28 天。在高温少雨的气候条件下，28 天已经达到作物耐旱的极限。

> 高村通过村规民约管理得好，不但不超水方还有剩余。我们整个灌区轮期 24 天，他们 20 天、21 天就能灌完，他们提早灌完了我们还不敢让他们进水，等到这个灌区都进开二水了，才让他们开始进。为啥呢？他要提前进，就等于占了别人的二水指标进水了，别人的进度就更慢了。因此，我们就不敢让进，你们就停下等，保持统一。你要不统一的话，你每次都往前赶，每次都占别人的，你一天要进 1 万来

---

① 周雪光：《组织社会学十讲》，北京：社会科学文献出版社，2003 年，第 79—80 页。
② 埃莉诺·奥斯特罗姆：《公共事务的治理之道——集体行动制度的演进》，余逊达、陈旭东译，上海：上海三联书店，2012 年，第 113 页。

立方水，你把别人的分配流量占上了，别人今天口子流量就小了（访谈个案，NMQ20140815A）。

我们灌完还得等着他们呢，虽然我们23天灌完，但是第24天不给我们开嘛，把我们的水给停了，等着人家灌完，又到28天了。我们亏就亏在这点。应该灌完就接着下一轮，但是还要停我们几天水让他们灌。他们做了一个规定，整个灌区要统一，要进四水统一进，不能提前，你提前灌完你先等一下，来了个啥说法？来了个均衡受益。这是均衡受益还是害了我们？我们管理好的反而被他们拖后腿了。本来宣传节水灌溉，控制水方，我们控制下水方我们就停掉了，水方也余下了，轮期也提前了，应该说提前三天要进我们的四水，人家不行，不能把那一截子甩掉。我们水方结余下再停掉等着人家灌完我们同时进。协会没有权力说我们想什么时候灌就什么时候灌，这个全是工区分配的（访谈个案，NMQ20140902D）。

在清水区政府的政策文本中，成立农民用水户协会的意图在于：明晰灌区产权与经营自主权，从根本上改革行政指令性供水的传统做法。在加强专业管理与群众管理相结合、统一管理与分级管理相结合、管理机构内部的用水者代表大会制度的基础上，积极推进农民用水户参与式灌溉管理制度，让农村小型水利工程建设、使用、受益的主体——广大农民用水户参与到水利管理中来。然而，在清水区，水权并没有明晰到社区。整个灌区是一个整体，在黄灌局统一管理斗口以上水权分配的制度设计之下，农民用水户协会没有权力决定所属村庄的整体水权配置，只能基于水管单位的分配进行村庄内部的管理调节。虽然村庄内部灌溉轮期已尽力缩短到合理范围内，但是仍然避免不了缺水的现实，最终导致跨越村庄边界的自主治理失灵。

虽然高村社区自主灌溉管理成功，但是却被治理失灵的村庄拖了后腿。这对通过良好管理结余下水方、提前结束灌溉的高村村民积极性是一种极大的打击。黄灌局对此种供水方式的解释是为了维持整个灌区的统一，强调均衡受益，如果提前开启高村下一轮次灌溉，则会分减其他斗口流量，占用其他村庄用水指标。然而在高村村民看来，提前进下一轮水并不会影响其他村庄的用水指标，这只是灌区为了工作便利所做的一种简单化处理，所谓的"均衡受益"实则是"害了我们"。

由于产权模糊，高村用水户协会不具备自主治理的权力，虽然内部可

以自主管理，实现村庄社区内部水资源管理的良性运行，但不可逾越政府的水权分配时间限制，因此导致内部的良好管理成为徒劳，这大大挫伤了社区内部管理的积极性。换言之，县域范围内的集体行动逻辑瓦解并消弭了高村社区自主灌溉管理的积极成效。用水户协会缺乏自主治理的权力，水权间接被地方政府和黄灌局控制。而地方政府和黄灌局内部又划分为不同的机构和科室，镇政府、农牧局、灌溉管理委员会、灌溉管理工区、水管所等各方力量共同在场，处于多部门共管的状态。这样一种管理模式造成了水资源管理上的混乱。

综合来看，高村灌溉水资源治理困境的根本原因在于参与水资源管理、占用的各主体之间权责不清，权力边界模糊。用水户协会因缺乏权力没能成为一个真正代表农民利益的组织。政府、黄灌局等治理主体按照自己的利益选择和解释规则，干涉协会的运作。因为农民用水户协会权力不足，导致其自主治理效果不彰。在灌溉水资源的社区自主治理过程中，农民具备的也仅是形式上的参与权，而不是决策权。社区自主治理并没有改变农民在水资源管理中不平等的控制权。[①] 灌溉水资源社区自主治理需要有效处理地方政府、黄灌局以及用水户协会等不同主体之间的权力关系。只有处理好权力主体之间的关系，才能化解水资源管理过程中的各种矛盾和冲突。

第三节 社区水权与社区建设

产权边界指的是权利相关主体行使权利的范围和最大空间，以及权利行使的强度和力度。[②] 产权是影响用水户协会运行效率的关键因素之一，清晰的水权关系和合理的水资源分配是灌溉管理制度改革不可缺少的必要条件。[③] 用水户协会作为一个农民自治组织，如果不拥有水资源的管理权，就无法对水资源利用做出决策，农民便也不会投身于水资源管理事务。奥斯特罗姆曾讲到，公共池塘资源本身的边界，以及有权从公共池塘资源中

---

① 仝志辉：《农民用水户协会与农村发展》，载《经济社会体制比较》2005 年第 4 期。

② 邓大才：《产权单位与治理单位的关联性研究——基于中国农村治理的逻辑》，载《中国社会科学》2015 年第 7 期。

③ 赵立娟：《农民用水者协会形成及有效运行的经济分析——基于内蒙古世行三期灌溉项目区的案例分析》，内蒙古农业大学博士学位论文，2009 年。

提取一定资源单位的个人或家庭必须予以明确规定。[①] 因为只有资源的边界和具体可以使用这些资源的人是确定的，才能具体知道管理什么和为谁管理。规定公共池塘资源的边界，限制外来者的进入，当地占有者就不会面临他们经过努力创造的成果被未做任何贡献的其他人所获取的风险，可以最大限度地保证投身于资源管理的人可以得到预期的回报，在一定程度上这是一种承诺和激励。[②]

清水区灌区目前这种权力界限不清、权责不明确的水权制度安排不利于灌溉水资源的有效管理。因为产权边界不清晰，不同主体的治理边界模糊，各主体权力行使的范围和区域并没有得到明确界定，因此导致"治理越界"或"治理缺位"的情况。[③] 因此，本课题研究提出，为促进村庄社区内部及整个县域范围内水资源的合理开发利用，可推动建立社区水权制度。通过社区水权推动的水权制度改革，将水权明晰界定到村庄社区这一层级，确定社区自主治理的产权边界，从而使农民用水户协会真正成为社区水权的拥有者与灌溉水资源的"管理者"。社区水权通过赋予社区自主权，允许社区成员自主决定如何处置水资源产权，包括社区成员内部的水权交换，以及作为一个独立完整的产权主体，参与到政府、企业的水权转换过程中。

191

产权明晰有两层含义，一是产权的归属，二是产权边界的确定，两者相辅相成、密不可分。[④] 社区水权的"明晰化"亦包含这两层含义。第一层含义是向内的，即通过明确产权归属，确认和维护农民用水户的水权主体地位。将社区产权保留在社区内部，给社区内部成员带来足够的财产占有安全感，[⑤] 强化成员对公共事务的责任和利益，从而激发其参与式灌溉管理的能力，实现灌溉水资源内部的可持续利用。第二层含义是向外的，即通过产权边界的确定，确立和维护村庄社区水权排他性的主体地位，赋予村庄社区在跨界水资源利用中的自主权，进而实现跨域水资源的有效治理。综合来看，

---

① 埃莉诺·奥斯特罗姆：《公共事务的治理之道——集体行动制度的演进》，余逊达、陈旭东译，上海：上海三联书店，2012 年，第 144 页。

② 埃莉诺·奥斯特罗姆：《公共事物的治理之道——集体行动制度的演进》，余逊达、陈旭冬译，上海：三联书店，2012 年，第 109—110 页。

③ 邓大才：《产权单位与治理单位的关联性研究——基于中国农村治理的逻辑》，载《中国社会科学》2015 年第 7 期。

④ 于德仲：《赋权与规制——集体林权制度改革研究》，北京林业大学博士学位论文，2007 年。

⑤ R. Barrows and M. Roth, "Land Tenure and Investment in African Agriculture: Theory and Evidence," *The Journal of Modern African Studies*, vol. 28, no. 2, 1990, pp. 265-297.

社区水权的意义即在于通过明晰水权归属与水权边界，提高农民用水户与村庄社区参与式灌溉管理的能力，通过协调参与灌溉水资源占用的不同社会主体之间的复杂关系，实现水资源的经济效益最大化与可持续利用。

农民用水户在水权制度建设中居于最基础的位置，其在灌溉水资源管理中扮演用水、缴纳水费、维持农民用水户协会正常运作、维护农田水利设施等角色。因此，通过赋权充分发掘并培育农民用水户的参与灌溉管理能力，是促进当前水权制度改革的前提。同时，农民用水户协会作为农户权益的代表，其能力培育状况直接关乎农户权益实现与否。因此，社区自主治理能力培育应着眼于用水户协会的内部建设，通过赋权提升用水户协会的自主治理能力，使其在灌溉水资源治理过程中"有事可为、有钱可用、有权去管"。① 换言之，社区水权的明晰与赋权关乎社区自主治理能力培育的过程，这个过程无法通过由上而下的水权制度建设来推动，也无法通过政府强制推动农民用水户协会建设来改善，而是需要透过由下而上的、农民用水户协会内生的组织建设及能力培育来实现。

社区水权的权利主体为参与社区共有水资源使用的所有成员，社区成员借助农民用水户协会这一组织依托，对社区水资源进行自主管理。村庄的"社区"属性凸显的是村庄本身具有的共同生活空间、共享的文化价值信仰、社会纽带、互惠机制及社会声望体系等。② "社区水权"将村庄社区视为一个共同体，关注的是共同体内全体成员的整体利益，面向所有成员履行个人和家户无法履行的公共职能，这种公共性使得村庄社区超越了个人、家户和其他利益群体，从村落共同体的层面调节不同主体之间的利益关系。③

社区水权以一种底层视角的方式，通过重塑社团决策实体（村集体、农民用水户协会）与农户之间的关系，来重构县域范围内的水权制度。值得注意的是，在水权的重构过程中，我们需要注意社区自主治理的适用范围，及其可能带来的制度变迁的意外后果。奥斯特罗姆曾谈到，无论是社区产权边界的界定，还是占用、供应和监督规则的制定和执行，抑或是冲

① 刘敏：《农田水利工程管理体制改革的社区实践及其困境——基于产权社会学的视角》，载《农业经济问题》2015年第4期。
② 陶传进：《环境治理：以社区为基础》，北京：社会科学文献出版社，2005年，第12页。
③ 马良灿：《农村社区内生性组织及其"内卷化"问题探究》，载《中国农村观察》2012年第6期。

突的解决，公共池塘资源治理都需要在一个多层次、多元社会主体参与的机制上进行。奥斯特罗姆虽然反对一个无所不在的外部权威在日常规则实施中发挥作用，但她并没有否认地方政府的作用。我们如果只在一个层级（社区）上建立规则而没有其他层级规则（如企业、地方政府）的嵌套，就无法建立一个完整的、可长期存续的制度。① 因此，在水权的重构过程中，我们不能过度地高估社区自治的能力，而应发挥参与制度变迁的多元社会主体的能动性。如果简单地认为仅仅通过社区自治就能实现水资源问题的有效治理，其本质在于尚未能深刻认识水权制度建设的复杂性。

第四节　社区水权与区域水资源治理

水权制度建设作为解决水资源问题的一种常见途径，是促进水资源可持续利用和分配的重要手段，也是加快乡村社会经济发展方式转变的重要举措。通常认为，清晰和稳定的产权制度设计可以促进资源使用者更好地规范他们的使用行为，从而达到对资源管理和长期可持续性的利用。② 然而，综观区域水资源管理系统，我们发现水权问题有着复杂的属性和特征。水权权力主体多元，权力边界模糊。这使得水权在不同层面的实践过程中问题层出不穷。如何在这种复杂的体系中界定不同产权形态的运行逻辑，明确不同主体的权力边界，是当下中国水权制度建设的题中之义。

由于灌溉水资源的社会和自然复杂性，县域社会内的水权制度建设与灌溉水资源管理构成一个复杂的系统。不论是农田水利工程的兴建、维护，还是配水、输水等管理工作，都需要有效协调参与水资源占用的不同社会主体之间的权、责、利关系，这需要投入庞大的人力、物力和财力。而如此复杂庞大的工程无法依靠单一主体完成，须通过参与灌溉水资源占有的多元社会主体之间的互动配合，发展出一种网络化的治理模式。基于清水区水权制度建设与水资源管理的现状，我们注意到，现有的水权制度设计很难为农户参与区域水资源管理与水市场运作提供平台，农户基本被

---

① 埃莉诺·奥斯特罗姆：《公共事物的治理之道——集体行动制度的演进》，余逊达、陈旭冬译，上海：三联书店，2012 年，第 108—121 页。

② 希门尼斯：《空间和社会的边界与草原产权的悖论：后社会主义蒙古国的案例研究》，王晓毅等编：《非平衡、共有和地方性——草原管理的新思考》，北京：中国社会科学出版社，2013年，第 215 页。

排除在水权制度建设之外。面对外部强大的政府与市场力量，分散的个体小农既缺乏参与的能力，也不具备参与的权力，从而导致自身权益受损，进而引发水事纠纷与水资源的不可持续利用。

> 怎样才能把清水区有限的水资源全都运转起来，发挥它最大的效用。要放权！把权力下放到各个村庄，你不要镇上也掺和，管委会也掺和，农牧局也掺合，灌工区也掺合，水管所也掺合，这水就乱套了，管理不好。就交给村庄嘛，八个农业村庄，你年年给我上报种植面积，我们根据面积给配水，接下来就不管了。交给村庄后，你不用找，他早死怎么着的，矛盾交给他们自己处理，他们自己就知道哎呀我就这么多水，我得节约用水。各村庄有用水户协会，力度要加大，不要只是个摆设，要把它利用起来，真正发挥作用。相互监督，村民之间，村庄之间，你必须一亩两圻，两亩三圻，一个监督一个。像我们咋监督呢，就这么几个人，管不了那么多地，看不过来。农民对农民，那才管用呢，农民自己管理自己。把权力直接给村庄，签合同，管委会可以直接下文件，把村委会、协会、农牧局、我们单位都召集起来开会，商量一下到底怎么办，农牧局你就光管你自己的事，水上就不要管（访谈个案，NMQ20140801A）。

灌区目前这样一种没有奖惩机制、不赋予村庄社区自主灌溉权力的制度安排极大地影响到用水户协会工作的积极性，也影响农民节水的动力，不利于推动实现水资源的有效治理。本课题研究提出，通过社区水权的制度建设来促进农民用水户与村庄社区的参与能力，促进节水型农业与节约型社区的建设，不失为当前区域水资源问题治理的有效出路。

在水资源社区产权管理模式中，要明确对水资源负有管理职责的专门部门，政府需改变以往以户为单位的水权分配方式，将村庄社区作为水资源产权分配的基本单位。在灌溉水资源管理过程中，在社区层面，基于用水户协会这一治理单位，政府将水资源管理权交由各村庄农民用水户协会所有，赋予其社区水权。水管部门以村庄为单位核定当季灌溉总水量，村庄内部具体灌溉事宜以及村与村之间灌溉时序、轮次安排等由各村农民用水户协会自主安排，政府与水管部门不予干涉，只在总体上进行协调、监督，以此实现整个灌区水资源的有效管理。水权以村庄为单位进行配置，就使得家户水权附着在村庄共有水权之上，家户用水权只有在保障各自所对应村庄共有水权的前提下才能实现。这也即意味着，没有村庄共有水权，也就无所谓家户个体的私有水权。在这样一种产权认知之下，以家户个体名义进行的水权运作行为就被视为不合法行为被严加制止和惩罚，并受到区域社会舆论和道德准则的批评和诟病。即使私人争取水权的行为在短期内可以得手，但最终还是会遭到否定，重新返回到集体认同的运行轨道之上。①

社区水权制度建设的意义在于，当社区自主治理成功时，社区成员可以保证享有治理的成果，不必再遵循区域社会统一的行动策略，而是可以开启下一轮灌溉计划，以此获得比其他社区更有效率的水资源利用方式。同时，由于村民和社区对自己努力成果的预期较稳定，因此，也可以刺激农民和社区增加对水资源有效管理的投入。社区水权通过影响资源分配和利益产生激励，引导行动者按照与政策目标相同的方向行动，凸显的是灌溉水资源的真正主体——农民用水户在水权实践中的主体能动性。

在区域水资源问题的治理之中，社区水权的意义在于农民用水户通过用水户协会等参与管道，将其意见反映在灌溉水资源管理、农业节水与水市场建设等政策实践过程中，使地方政府能够针对农民用水户的地方性知识及其利益表达，制定更具代表性与回应性的水权政策。以社区产权的明晰与确权为基础，地方政府可以通过农民用水户协会这个公共平台，与农民用水户协商互动、互换讯息与资源，从而厘清农业灌溉水权中的权、责、利关系。这不仅有利于地方政府制定出更具有弹性和更符合地方性知识的灌溉水资源管理制度与灌溉水权交易制度，实现区域水资源的可持续利用以及效益最大化，同时，也有助于推进水权制度的政策执行，在更宽广的层次上实现资源开发与社会发展的共赢。

第五节　总结与讨论

针对目前民族地区资源开发过程中存在的权、责、利关系模糊、地方政府的行政干预及外来企业的资本运作等问题，基层社区的建设变得尤为关键。换言之，民族地区资源开发、环境保护与社会发展的协调机制建构

---

① 张俊峰：《前近代华北乡村社会水权的表达与实践——山西"滦池"的历史水权个案研究》，载《清华大学学报》（哲学社会科学版）2008年第4期。

不能忽视对环境公正、社会参与及社区建设等问题的关注。相应的制度变革与治理实践需要通过一系列制度建设和社会运行机制来推动社区建设和社区自主治理能力的培育，促进环境与社会之间关系的协调发展。

事实上，在当前水权与水市场的制度框架之中，由于农民用水户主体地位缺失，即使地方政府与工矿企业投入了很多资金去改善农田灌溉设施、激励农业节水，农户对于节水的接受度依旧不乐观，区域水资源治理出现"政府失灵"，地方政府的治理能力面临挑战。在这样的背景之下，本课题研究认为，通过社区水权的制度建构，发挥农村水资源的真正主体——农民用水户在水资源管理中的主体能动性，在产权明晰的基础之上，赋予村庄社区水资源自主管理权，促进农民用水户参与水权制度变迁及灌溉水资源自主治理，有利于实现区域水资源问题的有效治理。换言之，社区水权与社区自主治理能力的培育，有利于促进灌溉水资源效益的最大化与区域水资源的可持续利用，缓解自西部大开发以来西部民族地区日益紧张的资源开发、社会发展与环境保护之间的张力。

基于内蒙古清水区灌溉水资源社区自主治理与水权制度改革的案例研究，课题组认为，民族地区的社区建设一方面需要以制度为基础，厘清多元主体互动过程中政府、企业和社区的角色定位，规范各自的作用和权限，通过制度引导村民参与，培育村民自治和社区自治的能力，在基层社区形成一种资源节约和环境保护的生产方式、生活方式。另一方面，民族地区的社区建设要以生活为基础，即以共同地域范围内（即社区）的当地居民为主体，通过集体行动来共同应对社区范围内的环境问题、生计问题与生活问题，以此推动实现一种人与自然和谐共处的绿色社区、可持续发展型社区的建构。

执笔人：石腾飞　包智明

196

第九章　理论分析：绿色发展理论与民族地区的环境治理

　　面对资源开发带来的环境公正问题，民族地区的生态文明体制改革和绿色发展成为必要。下篇所述民族地区环境治理与社会发展实践的三个案例表明，民族地区已经开始出现包括政府发展方式转型、生产企业环境治理与社区民众参与发展等绿色发展取向的实践。西部大开发以来，在民族地区跨越式发展的过程中，坚持绿色发展的方向，倡导资源开发、环境保护与社会发展之间的相互协调是必须的。片面强调资源开发，会带来包括环境问题、社会危机等在内的环境公正问题，而片面强调环境治理，则容易忽视民族地区发展不均衡、不充分的现实。因此，民族地区需要通过环境治理和生态环境保护等途径来形成节约资源和保护环境的产业结构、生产方式和生活方式，提供更多的优质生态产品，以满足民族地区人民群众日益增长的对优美生态环境的需要，进而推动实现资源开发、环境保护与社会发展多赢的绿色发展新趋向。

　　本课题研究认为，绿色发展不仅是一种理论视角，同时也是一种政策导向，在绿色经济发展、绿色政府建构、绿色社会培育等方面对民族地区的环境治理与发展实践具有启示意义。在民族地区的资源开发进程中，民族地区具备走上将环境保护与经济发展相结合的绿色发展道路的条件和机会。民族地区的环境治理和绿色发展实践的社会过程和政治过程非常复杂，西方理论不能够完美阐释。本章将结合前文所涉案例，在总结和反思民族地区绿色发展的理念和趋向的基础之上，进一步概括推进民族地区绿色发展的理论和实践，以此作为下篇内容的一个总结。

第一节　民族地区的绿色发展：理念与趋向

改革开放以来，中国在创造经济奇迹的同时，也积累了一系列深层次的矛盾和问题。其中，一个突出矛盾和问题是：资源环境承载力逼近极限，高投入、高消耗、高污染的传统发展方式已不可持续。粗放型发展方式不但使我国能源、资源不堪重负，而且造成大范围空气污染、水体污染等突出环境问题。种种情况表明：全面建成小康社会，资源环境已经成为不得不面对的"瓶颈"制约与"心头之患"。因此，党的十八大以来，就促进人与自然和谐发展问题，中央政府提出了一系列新思想、新观点、新论断，凝聚形成了绿色发展理念。在这些规律性认识的基础上，党的十八届五中全会提出的"创新、协调、绿色、开放、共享"五大发展理念，成为关系我国发展全局的理念集合体。其中，绿色发展理念与其他四大发展理念相互贯通、相互促进，成为我国关于生态文明建设、社会主义现代化建设规律性认识的最新成果。十九大报告更是旗帜鲜明地提出"推进绿色发展"的重要论断，进一步将"绿色发展理念"提升到实践和行动层面，为加快推进"绿色发展"提供了指导原则、理论依据和行动指南。

综合看来，绿色发展理念以人与自然和谐为价值取向，以绿色低碳循环为主要原则，以生态文明建设为基本抓手。在学界研究中，"绿色发展"已成为方兴未艾的重要研究领域。学者们就绿色发展的功能、机制及战略进行了分析和讨论。胡鞍钢认为，绿色发展是具有鲜明中国特色的发展理念、发展战略、发展途径，源于可持续发展，又超越了可持续发展。绿色发展观的提出标志着中国的发展方式在思想认识、理念框架、政策支持和机制构建等方面实现了全面转型，绿色发展成为指导中国发展的基本纲领，昭示着中国能够在"政治文明、经济文明、社会文明、文化文明、生态文明"五位一体之间实现相互协调及共同发展，进而建构起中国特色的生态文明建设之路。[①] 此外，胡鞍钢等人还界定了绿色发展的功能，分析了绿色发展的机制，并阐释了绿色发展战略。[②]

相关研究还分析了绿色发展的国际先进经验及其对中国的启示，提出

---

① 胡鞍钢：《绿色发展构建中国特色生态文明之路》，载《北京日报》，2015 年 11 月 18 日。
② 胡鞍钢、周绍杰：《绿色发展：功能界定、机制分析与发展战略》，载《中国人口·资源与环境》2014 年第 1 期。

走绿色发展之路要立法先行，严格监管，综合利用各种绿色发展的政策工具，统筹绿色发展规划与重点治理相结合等的对策和建议。① 在中国西部地区的绿色发展研究中，相关学者阐明了西部地区社会经济发展与资源环境承载力之间的相互作用机制，提出了"发展中促转变，转变中谋发展"的良性循环发展原则，明确了西部地区绿色发展的目标。②

在中国，推动绿色发展是一个复杂的政治变革和经济变迁过程，也是一个由政府、企业、社区、公众等多元主体共同参与的社会过程。为此，有必要从政府、市场与社会互动的视角，提出一个整体性的、关于推动绿色发展的理论分析框架，通过对绿色发展的制度范式、市场机制和社会动力的全面研究和系统分析推动绿色发展，形成人与自然和谐发展的现代化建设新格局。

综合看来，绿色发展是以效率、和谐、持续为目标的经济增长和社会发展方式，是在生态环境容量和资源承载力的约束条件下，将环境保护作为实现可持续发展重要支柱的一种新型发展模式。国内外关于"绿色发展"的研究主要在市场、国家和社会三个领域，形成了生态现代化理论与"绿色经济"、"绿色国家"理论与绿色政府，以及"绿色社会"与环境运动等诸多理论和实证研究。

新疆、内蒙古两地案例表明，以资源开发与重化工企业为主导的工业化发展模式，不仅难以和民族地区脆弱的生态环境相匹配，同时，也缺乏对民族地区历史文化传统与农牧民生计特性的关注，在造成民族地区生态环境问题的同时，也影响到民族关系的和谐发展与边疆地区的长治久安。那么，对于目前经济社会发展仍相当滞后的民族地区而言，环境治理何以平衡生态环境保护与经济社会发展之间的关系？民族地区的绿色发展道路又该如何实现？

值得注意的是，虽然在民族地区的资源开发进程中产生了诸多环境与社会问题，但环境与社会危机也是促使民族地区开展环境治理的重要因素，并为民族地区走向绿色发展带来新的契机。民族地区的环境问题不仅成为制约区域内部经济社会发展的重要因素，同时，也反过来危及全国的整体生态安全。面对民族地区环境危机与社会发展问题带来的压力，国家

---

① 杨宜勇、吴香雪、杨泽坤：《绿色发展的国际先进经验及其对中国的启示》，载《新疆师范大学学报》（哲学社会科学版）2017 年第 2 期。

② 刘纪远等：《中国西部绿色发展概念框架》，载《中国人口·资源与环境》2013 年第 10 期。

针对民族地区的生态治理项目和政策措施迅速出台，中央政府以前所未有的力度加大了对民族地区环境治理工程的投入。民族地区的"绿色发展"理念在中央政府的主导及各级地方政府的倡扬下逐渐生成。

在中央政府绿色发展与生态文明建设的背景下，在经济发展新常态的战略部署中，民族地区地方政府的生态治理任务更加严峻。作为国家权力的代理人，在自上而下层级间的体制之下，各级地方政府逐渐调整发展方向，加大民族地区的环境治理力度，并进一步推动资源开发进程中少数民族农牧民的利益保护工作，以期达到环境保护与社会发展的双赢。

绿色发展从其概念本身而言，似乎是一个仅仅关注实践层面的理论范式，但实践中绿色发展的演变路径并不是一个单纯的"治理"意义上的命题。事实上，绿色发展承载着社会与环境之间互动、曲折、博弈的漫长距离。这意味着，民族地区的绿色发展并不是一个固定阶段的实践，也不可能是自然而然发生的，而是需要在一个跨时段的历程里，从环境问题的产生到环境意识的觉醒、从环境抗争到环境污染问题化再到环境治理的过程性事件中，催生出的环境改革的社会过程。从这个角度来说，绿色发展应该关注因环境因素引发的社会变革以及导致环境改善的整个社会过程。在这其中，牵涉到国家、地方政府、企业、社会等不同的力量。

在接下来的部分，本课题将吸收和借鉴国内外推进绿色发展的先进理论和实践经验，在"绿色经济""绿色政府""绿色社会"的理论范式下，审视民族地区的环境治理与社会发展实践，并从国家、市场和社会三个层面，深入探讨政府、企业和社会力量参与和推进绿色发展的路径和方案，以期推动民族地区的绿色发展从理念走向实践、从规划走向行动，形成人与自然和谐发展的现代化建设新格局。

第二节　"绿色经济"与民族地区资源开发方式重构

为应对现代工业社会严峻的环境问题，生态文明和"绿色发展"理论在欧美国家逐步发展起来。20世纪80年代初，在对现代工业社会如何应对环境危机的讨论中，生态现代化理论应运而生。作为绿色发展的一种典型理论取向，生态现代化理论起初在德国、荷兰、英国等少数西欧国家引起关注，后来逐渐发展成为欧美等发达国家环境治理的主要理论与政策导向。目前，历经 30 多年的发展，生态现代化已经在全世界产生深刻影响，并成为环境社会学领域的重要理论之一。

一、生态现代化理论与"绿色经济"发展

生态现代化理论之所以被广泛关注，是因为其对现代社会环境问题独辟蹊径的思考路径。随着 20 世纪 50 年代以来欧美地区环境问题的凸显，人们开始反思工业革命所带来的发展方式与生活方式。与蕾切尔《寂静的春天》和罗马俱乐部《增长的极限》对环境问题所持的悲观基调不同，生态现代化理论认为，人类社会的现代化进程对环境的影响呈倒 U 形特征。环境问题在现代化初期加剧，但随着现代化的推进，在现代科技、市场经济和政府行政力量共同推动下的绿色工业结构调整过程中，环境问题将得到缓解。[①]

生态现代化将环境危机视为一次促使经济发展方式转型的机会，认为工业化导致的环境问题不用通过"去工业化"的方式解决，借助于经济增长方式的转变，工业发展与环境保护的双赢可以在进一步的工业化或"超工业化"中实现。[②] 在具体实践过程中，生态现代化关注不同国家或地区为促进绿色经济发展在社会实践、体制规划、社会与政策话语等方面所作出的改革。虽然在不同类型的经济体和工业部门中生态现代化的进程不同，但综合看来其特征可以概括为以下几个方面：第一，科学与技术在环境治理与预防中发挥越来越重要的作用；第二，市场与经济主体在生态结构调整和环境改革中的作用逐步提升；第三，国家指令—控制式的治理方式逐步减少，非国家层面的行动者越来越多地参与到环境改革当中；第四，社会运动的地位、作用与意识形态发生改变，有更多的机会参与到公共和私人领域的环境决策中；第五，话语实践层面发生变化，注重经济利益与环境利益统一的意识形态不断产生。[③]

201

---

① J. Huber, "Towards Industrial Ecology: Sustainable Development as a Concept of Ecological Modernization," *Journal of Environmental Policy and Planning*, vol. 2, no. 4, 2000, pp. 269-285; U. Simonis, "Ecological Modernization of Industrial Society: Three Strategic Elements," *International Social Science Journal*, vol. 41, no. 121, 1989, pp. 347-361; A. P. J. Mol, *The Refinement of Production: Ecological Modernization Theory and the Chemical Industry*. Utrecht, the Netherlands: Van Arkel, 1995.

② Joseph Huber, "Towards Industrial Ecology: Sustainable Development as a Concept of Ecological Modernization," *Journal of Environmental Policy and Planning*, vol. 2, no. 4, 2000, pp. 269-285.

③ ［荷］阿瑟·莫尔、［美］戴维·索南菲尔德：《世界范围的生态现代化——观点和关键争论》，张鲲译，北京：商务印书馆，2011 年，第 6—7 页。

虽然生态现代化理论牵涉到国家、地方政府、企业、社会等不同的力量，也关涉制度、技术、科技、文化等不同的影响因素，但整体而言，生态现代化理论主要关注的是"绿色经济"的建构，即生态技术应用与企业组织方式变迁的目的在于追求一种可持续的、"绿色的"经济发展方案，而环境政策及社会变革的目的也在于发展地方工业，促进"绿色经济"的实现。

生态现代化理论强调现代化进程中环境保护与社会发展并行不悖，所以，该理论一经提出，便受到世界各地正在遭遇环境与发展失衡国家的欢迎。但生态现代化理论脱胎于欧洲工业社会，其实证基础大多源于西欧地区特定的社会制度、政治文化与经济结构所构成的体制特征。[①] 因此，生态现代化理论是否对具备不同经济、文化、政治体制与地理背景的国家同样适用，一直以来并未达成共识。近年来，相关研究者也在试图检验生态现代化理论对于中国的适用性。例如，摩尔和卡特等人认为，在中央政府、市场角色、环境污染治理投资、环保法律体系建设等方面，中国均已发生了一些与生态现代化较为一致的环境变革。[②] 张磊等人则从产业结构转型入手，将中国发展循环经济、利用可再生能源等举措，直接纳入生态现代化的分析框架。[③] 洪大用则指出，中国政府在发展战略层面始终强调经济增长与环境保护的双赢，并注重制定促进两者协调发展的各种规划和顶层策略，同时，加强环境法制建设，不断充实环境保护的相关机构和工作人员，持续加大环境污染治理投资力度，体现出生态现代化的取向。[④]

生态现代化的目标是建立一个生态友好型的发展方式来引领并规范工业化及环境治理，但综观已有研究，我们发现，目前鲜有文献将我国民族地区的资源开发、环境治理与社会发展的相关实践纳入生态现代化的分析框架。因为生态现代化理论是建立在欧美等国家第二次现代化与发达工业体系之上的，且其实践对政府角色、科学技术、社会团体、环境意识等都具有较高的要求。在当前中国本身尚未正式步入第二次现代化的情况之

---

① ［荷］阿瑟·莫尔、［美］戴维·索南菲尔德：《世界范围的生态现代化——观点和关键争论》，张鲲译，商务印书馆，2011年，第360页。

② A. P. J. Mol and N. T. Carter, "China's Environment Governance in Transition", *Environmental Politics*, vol. 15, no. 2, 2006, pp. 149–170.

③ L. Zhang, A. P. J. Mol and D. A. Sonnenfeld, "The Interperation of Ecological Modernization in China", *Environment Politics*, vol. 16, no. 4, 2007, pp. 659–668.

④ 洪大用：《经济增长、环境保护与生态现代化——以环境社会学为视角》，载《中国社会科学》2012年第9期。

下，远没有建立起健全工业化体系的民族地区似乎就更难进入生态现代化的讨论范畴。尤其是在地区间经济发展不均衡导致的中东部地区生态现代化成本转移到民族地区的现实背景下，情况更是如此。因此我们可以看到，我国目前现有的关于生态现代化的检视分析也主要集中在对国家层次上的一些总体指标上，对其适用性的判断及价值意义也主要是基于经济发展水平相对较高的东部地区。

然而，我们需要注意的是，生态现代化不仅是一个理论，同时也是一种政策导向，提供了一种预防性、前瞻性的绿色经济发展方案。如果我们不能真正理解民族地区资源、环境问题的实质，把握生态现代化理论对于民族地区绿色经济发展的意义和价值，那么，在民族地区的资源开发与工业化进程中，就极有可能重蹈东部地区先污染再治理的覆辙。本课题认为，生态现代化这一理论框架将环境问题的产生与治理、产业转型与环境保护等结合起来，对我国民族地区的资源开发、环境保护与绿色经济发展等有诸多启示意义，民族地区具备按照生态现代化的方式重构资源开发模式，推动环境保护与经济发展相结合的条件和机会。

二、民族地区资源开发模式重构

203

在中央政府绿色发展与生态文明建设的背景下，在经济发展新常态的战略部署中，民族地区各级地方政府的生态治理任务更加严峻。在近几年的实地调查中，本课题研究发现，虽然绿色发展逐步成为民族地区的主导话语，但在原有工业基础薄弱，农牧民人均收入水平低的情况下，以资源开发为支柱产业、过度依靠资源开发来推动民族地区的经济社会发展不仅容易形成产业结构偏差，发展模式也难以和原有的经济社会结构相配套。因此，在民族地区环境治理与社会发展进程中，需要通过资源开发模式重构，来推进"绿色经济"发展，以推动民族地区形成节约资源和保护环境的产业结构和经济发展方式。

在民族地区的环境治理与社会发展实践过程中，本课题研究发现，虽然地方政府并没有明确提出生态现代化建设这样一种话语，但趋向生态现代化与绿色经济发展的概念与治理转变却以多种不同的方式表现出来。

与主要依靠关停污染企业来实现环境治理的传统路径不同，生态现代化理论强调通过产业转型升级、绿色技术应用、生态工业建设等来推动环境治理与绿色经济发展。在新疆西牧区政府主导的生态修复与旅游开发进程中，通过资源开发方式重构，推动实现绿色经济的发展思路已经体现出来。而在内蒙古清水区，课题组也发现，除了在水资源开发进程中通过市场运作与社区自主治理来推动实现地区经济社会发展以外，在重构资源开发方式，推动绿色经济发展方面，地方政府也做出了一定的努力。面对通过水权转换招商引资进驻清水区的工矿企业的环境污染问题，地方政府一方面积极推动工业区地貌恢复及绿化工程建设，督促企业进行环保设施建设、生产工艺流程优化等一系列工作；另一方面，地方政府鼓励并引导企业进行技术革新与产业转型升级，对采用清洁技术、进行技术革新及高科技型的企业给了减税、资金支持等优惠政策。同时，依托境内丰富的清洁资源和能源，地方政府加快培育绿色新兴产业，在传统老工业园之外，建设了新的生态工业园，致力于发展清洁类能源产业，以期提升经济发展过程中的环境友好行为，实现绿色经济发展。

通过上面的分析，我们可以发现，民族地区的环境治理与社会发展体现出通过政府引导的产业政策调整、技术变革等方式，推动传统产业转型升级及资源开发模式重构的特征，这符合生态现代化理论所强调的"绿色经济"发展方案。事实上，税费改革以后，由于缺少其他税种的财政来源，地方政府的财政收入主要依赖这些从事资源开发的传统工业经济。因此，如果一味通过"停产""限产"的方式推进环境治理，势必会影响政府的财政收入以及地方经济发展进程。

以内蒙古清水区为例，工业是清水区经济社会发展的重要支柱，在经济结构中占比高达83%，而仅矿业、盐化工、煤化工3项就占了工业总量的66%左右。课题组调查发现，在环境治理初期，清水区政府先后关闭了12家污染企业，到2014年，因环境污染与环评不达标，清水区面临停产或破产的企业多达136家。如果这些企业全部停产，那么对地方经济发展的影响将不言而喻。而在新疆西牧区，政府工作人员也谈到"我们这个地方，要发展只能依靠资源，优势也在于资源。如今刚刚发展起来又要环境保护了，导致经济发展受到很大影响。经济发展的空间不大，环境保护也没有动力执行"。也正是因为环境治理会制约地区经济发展，也就产生了中国环境治理当中普遍存在的一个现象，即地方政府形式化地执行中央政府的环境保护政策。因此，在民族地区资源开发进程中，如果继续延续传统的"去工业化"发展路径进行环境治理，则极易陷入环境治理——污染再现的窠臼。

客观来说，在长期发展实践过程中，民族地区的地方政府也深刻认识到传统工业不能丢，也丢不起，环境治理要想获得更多的正面效应，就必须对经济发展的原有制度和结构进行调整，通过资源开发模式重构，推动实现绿色经济发展。然而，由于长期发展落后，经济发展需求迫切，一定程度上导致民族地区的地方政府以及各大中小型企业缺乏绿色发展与生态现代化建设的动力与能力。因此，民族地区的绿色发展不能以牺牲地方社会的经济收益为代价，而应探索有利于推动地方政府及企业践行绿色发展理念，重构资源开发模式的内生动力机制。

本课题研究认为，在环境治理实践中，通过政府引导的资源开发模式重构、产业转型升级，不仅可以满足国家环境治理的政策要求，保证地方政府的财政收入，产生"绿色 GDP"效应，同时，地方政府各项优惠、补贴政策的落实在减轻企业负担、降低企业成本的同时，也会进一步为企业进行技术革新创造条件。在整个中国都关心"生态权威"的大背景下，企业也会逐渐意识到，采取生态技术、促进产业升级，不仅不会影响自身发展，反而能够产生长期效应，更具备可持续性。以政府与企业良性互动为基础推动的绿色经济发展为民族地区开展生态现代化建设、优化资源开发模式提供了动力源泉，有利于构建绿色发展的长效机制。

第三节　"绿色政府"与民族地区地方政府角色转型

一、"绿色国家"与政府角色的转型

基于对欧美国家环境治理经验的总结和全球性环境问题的持续关注，研究者逐渐意识到国家发展理念的变化在推进环境治理与社会发展中的重要性。1992 年联合国世界环境与发展大会之后，国家的发展理念、发展方式及政府职能转变在环境管理中的重要性得到普遍强调。[①]

---

① Lennart Lundqvist, "A Geen Fist in a Velvet Glove: The Ecological State and Sustainable Development," *Environmental Values*, 2001, vol. 10, no. 4, pp. 455-472; Arthur Mol and Gert Spaargaren, "Ecological Modernization and the Environmental State," in Frederick Buttel, Arthur Mol & William Freudenburg (eds.), *The Environmental State under Pressure*, Emerald: JAI Press, 2000; Max Koch and Martin Fritz, "Building the Eco-Social State: Do Welfare Regimes Matter?" *Journal of Social Policy*, 2014, vol. 43, no. 4, pp. 679-703.

梅多克罗夫特认为，随着当今社会资源环境危机频发，国家应该将发展的注意力逐渐从行政、司法及促进经济发展等传统领域，集中到对环境管理的社会日程上来，通过推进环境治理与生态保护、绿色经济与可持续发展、绿色社会制度与思想文化观念这三个阶段的发展，推动实现"绿色国家"的建构。① 多伊特等人认为，为了更好地理解全球化时代环境问题研究的局限性和前景，应该把"国家"带回到比较的、跨领域的和跨国界的环境政策的研究范畴之中，进而了解以环境管理为中心的当代国家的总体演变。② 高夫认为，绿色国家是一种致力于追求社会与环境良性互动的国家形态，以环境治理、生态保护与可持续发展为政治理想，重视环境层面的整体性治理与社会层面的公平正义（如代际公正、代内公正、种族公正等），进而追求一种能够兼顾国内和国际环境诉求、甚至是全人类环境诉求的绿色发展途径。③

尽管不同学者对"绿色国家"的定义表述各不相同，但其核心思想基本一致，共同关注"何谓绿色国家"以及"绿色国家何以可能"的问题。"绿色国家"既表达了一种未来理想，也表达了一种当前现实，其重点是政府发展理念与发展方式的转型，即从一种发展型政府变为"绿色发展型政府"。作为绿色国家理论的核心概念，绿色政府在当今中国社会是一种正在实践着的"理想类型"。在民族地区资源开发、环境治理与绿色发展实践过程中，地方政府的绿色转型也正在悄然发生，并直接影响到经济层面的绿色经济及社会层面的绿色社会的整体推进。

二、民族地区地方政府的绿色转型

尽管主张绿色国家理论的学者对政府在推动绿色国家建构的程度与模式上看法不同，但却都秉持同一个观点，即在推进绿色国家建构与社会的生态转型过程中，政府角色的变迁至关重要。一方面，政府可以通过环境政策的制定，将环境关怀整合进经济发展计划中来推进绿色发展。另一方

---

① Meadowcroft, James, "Greening the State?" In John Dryzek, Richard Norgaard and David Schlosberg (eds.), *Oxford Handbook of Climate Change and Society*, Oxford: Oxford University Press, 2011.

② Andreas Duit, Peter Feindt and James Meadowcroft, "Greening Leviathan: The Rise of the Environmental State?" *Environmental Politics*, vol. 25, no. 1, 2016, pp. 1-23.

③ Ian Gough, "Welfare States and Environmental States: A Comparative Analysis," *Environmental Politics*, vol. 25, no. 1, 2016, pp. 24-47.

面，政府也是促进环境技术革新、绿色生活方式建构的重要力量。这意味着，作为战略规划、政策制定及执行、利益均衡与配置的关键主体，政府对于民族地区的资源开发、环境治理与发展模式有着重要影响。

客观来讲，在长期发展实践过程中，民族地区的地方政府都能认识到经济发展所带来的环境问题，环境问题也主要依赖政府制定政策与监督管理来应对。内蒙古和新疆地区的案例研究表明，在推动环境治理与社会发展的过程中，地方政府的确能够在环境治理、产业转型与技术革新过程中发挥积极作用。不管是在环境治理初期对污染企业的停产、限产，中期促进传统产业的转型与升级，还是后期生态工业园的建设上，地方政府都发挥了关键作用。

然而，本课题研究也发现，在民族地区资源开发、环境治理与社会发展过程中，地方政府的角色变迁与绿色发展的推进并不是一帆风顺的，由地方政府驱动的绿色发展存在一定的风险和挑战。在地方社会层面，地方政府与外来企业关联过密、经济发展的锦标赛体制等都在一定程度上阻碍着民族地区的绿色发展与地方政府的绿色转型。这也就是在民族地区的资源开发过程中会出现环境公正问题的关键原因之一。因此，在民族地区资源开发进程中，单纯依赖地方政府的力量无法有效实现经济发展与环境保护的双赢。在这样的背景之下，国家的力量和社会的参与对于推动地方政府的角色变迁与绿色发展实践就显得尤为重要。

整体而言，绿色国家是一种能带给人民福祉的发展方式，是一种社会正义与公平的政策导向，同时更是实现人与自然和谐共处的一种生活形态。在新疆、内蒙古等地的长期社会调查过程中，课题组注意到了许多"一刀切"的环境治理方式产生的不良影响，绿色发展在许多地方仍停留在理念和口号状态，难以落地。对许多地方政府官员而言，随着环境督察制度的深入与环境治理的常态化，绿色成为一种"权威"，而发展则不知所措。从这个意义上看，民族地区地方政府的发展方式转型至关重要，否则，资源开发、环境保护与社会发展之间的张力还会以另一种方式重现，民族地区广大人民群众对于美好生活和优美生态环境的需求也难以满足和实现。换言之，在民族地区环境治理与绿色发展进程中，要清楚地认识地方政府的角色定位。地方政府不仅是地方社会绿色发展规划的制定者，同时也是推动企业实现生态现代化建设和绿色经济发展的服务者，是环境治理和生态保护的监管者，更是绿色生活方式的示范者。民族地区需要通过绿色政府的建构，来推动实现人与自然和谐共生的现代化建设新格局。

第四节 "绿色社会"与民族地区的社会建设

一、"绿色社会"与绿色发展的社会参与

绿色发展理论的一个重要特点是强调社会参与和社会建设。从 20 世纪 60 年代末开始，在西方工业国家，环境运动与关注环境问题的公民已经开始对改革破坏性的生产与消费模式起到了帮助作用，且能在大部分情况下推动政府开展环境治理行动。[1] 随着绿色发展进程的推进，绿色发展逐渐演变成为一种涉及民众、民众环境意识与环境运动在内的组织行为和社会过程。[2]

国外相关研究指出，一方面，公民的环境意识对环境治理具有重要作用。例如，邓拉普等人对 24 个发展程度不同的国家的相关统计数据进行了分析，发现环境质量是否提升不是由国家的富裕程度决定的，而是依赖民众是否具有较强的环境保护意识。[3] 另一方面，公民环境意识的提高与环境运动的发展及公民环境参与情况密切相关。20 世纪 70 年代以来，出于对环境质量的担忧与环境公正问题的关注，环境运动已经逐渐成为欧美地区生态环境治理、公民环境教育与绿色社会转型的主要形式之一。[4] 科尔曼也指出，要通过环境运动等公民环境参与形式来改造现有的社会形态和发展方式，重视公民的生态智慧、社会责任与价值观，弘扬公民的合作与社群精神，以此建构适应地方绿色发展需要的绿色社会形态。[5]

在民族地区环境治理与社会发展的案例研究中，虽然本课题对社会力量的关注主要体现在清水区农民通过社区建设实现水资源社区自主治

① ［荷］阿瑟·莫尔、［美］戴维·索南菲尔德：《世界范围的生态现代化——观点和关键争论》，商务印书馆，2011 年，第 387 页。

② Ronald Sandler & Phaedra Pezzullo, *Environmental Justice and Environmentalism*：*The Social Justice Challenge to the Environmental Movement*, Cambridge：The MIT Press, 2007.

③ Riley Dunlap & Angela Mertig, "Global Concern for the Environment：Is Affluence a Prerequisite?" *Journal of Social Issues*, vol. 51, no. 4, 1995, pp. 121-137.

④ Daniel Faber, *The Struggle for Ecological Democracy*：*Environmental Justice Movements in the United States*, New York：The Guilford Press, 1998.

⑤ Daniel Coleman, *Ecopolitics*：*Building a Green Society*, New Brunswick：Rutgers University Press, 1994.

理方面，但实际上，在清水区环境问题的治理过程中，农牧民等社会力量也发挥了关键的作用。早在2007年，清水区牧民便发现了矿业开采以及工业园区化工企业污染问题，并就相关问题向嘎查、地方政府反映过情况。此后，牧民也多次到旗人大反映情况，虽部分受影响严重的牧民获得了一定的经济补偿，但企业并没有进行相应的整改。在此之后，牧民的环境抗争也一直没有终止过，但一直没能产生实质效果。直到2012年底，通过媒体的作用，清水区工业污染问题开始在网上传播。随后陆续有记者、学者、专家、环保人士进入当地进行调研考察，媒体也纷纷对清水区环境污染问题进行了全方位的报道与跟踪，从而引起中央政府的关注。在各方压力之下，清水区政府开始对污染企业进行全方位治理。通过这一案例，我们可以发现，清水区的环境治理与农牧民、环保NGO、媒体、专家学者的推动密不可分。换言之，少数民族农牧民对于优美生态环境的需求直接推动了民族地区环境治理和生态保护事业，进而推动了民族地区的绿色发展。

本课题研究认为，促进社会参与是民族地区推进绿色发展的关键因素。然而，在民族地区的环境治理与社会发展过程中，由于当地社区的族群构成复杂，民族文化丰富，少数民族农牧民对于生态环境保护与社会发展的诉求也更为多元。由于一直以来便存在的民族差异，在民族地区，不同生计方式和不同的发展模式造就了人与自然间的不同状态，导致不同的民族和个体对环境权利、环境义务的理解存在差异，进而造成不同民族和不同地区的民众在绿色发展过程中参与能力的差异。由于个体占用资源的能力和手段不同，加之其在社区内部经济社会地位存在差异，因此，即使是生活在同一社区中的居民，对绿色发展的理解及参与推进绿色发展的能力方面也存在区别。在这样一种情况之下，若忽视民族地区社区和民众在推进绿色发展中的文化差异，势必会压缩社会参与的制度空间。如此一来，反而无法在推进绿色发展过程中促进更多的社会参与及环境保护行为，也不利于绿色社会的建构和民族地区的可持续发展。

面对人民群众日益增长的对美好生活及优美生态环境的需要，为促进政府、企业与社会之间伙伴关系的建构，全面推进民族地区的绿色发展，在清水区等地，地方政府开始试图与企业、社区一起，根据当地具体情况，推动建构社区参与的绿色发展模式。课题组认为，公正是促进社会参与推进绿色发展的基本要素。公正的发展首先应尊重当地人的权利，包括

资源的优先使用权和受惠权、环境保护的参与权和决策权等。其次，公正的发展还应尊重当地人的资源利用方式、生计方式、传统组织、环境伦理和宗教等文化因素，尊重当地人多样性的发展需求。

二、民族地区的"绿色社会"建设

值得注意的是，中国作为发展中国家，在环境治理过程中表现出与西方工业发达国家不同的社会参与情况。在中国，大部分公众的环境意识并不普遍，其环境抗争更注重狭义上的短期经济目标，通常以工厂停产、进行经济赔偿为利益诉求。这一点在新疆西牧区牧民开展的生存型环境抗争中可见一斑。而在西方，人们普遍认为环境改革并不一定与经济发展背道而驰，因此环境抗争的目标也并不是简单的关闭工厂，而是要求它们在可行的范围内做出改进。[①] 同时，中国的新闻媒体，尤其是地方媒体一定程度上受到地方政府的压力，也无法像西方媒体那样充分发挥报道、监督的作用。但即使如此，除政府以外的行动者能够逐步参与到环境改革中，已经是民族地区走向绿色发展的一大进步。

课题组的研究发现，在中国，随着国家层面绿色发展与生态文明建设等话语模式的广泛传播，社会话语领域也开始出现"绿色化"转向，公众也越来越关心并注重环境治理与生态保护。尤其是在生态环境脆弱的民族地区，人与自然之间自历史时期便形成了唇亡齿寒的相互依存关系，人们对良好生态环境更为关注，因此，更容易激发公众保护生态的意识和行为。

推进绿色发展有赖于对当地居民参与权、生存权和发展权的重视和保障。在这一过程之中，是否对当地居民有意义，是促进当地居民参与环境治理、生态保护与绿色发展的关键。[②] 换言之，只有当民众认识到推进绿色发展能够满足自身对美好生活及优美生态环境需求的时候，才能建立起推进绿色发展的长效机制。因此，开展绿色发展政策及相关知识普及，让民族地区的当地居民知道绿色发展方式对于生计发展的积极

---

① ［荷］阿瑟·莫尔、［美］戴维·索南菲尔德：《世界范围的生态现代化——观点和关键争论》，商务印书馆，2011年，第388—389页。

② Brian Furze etc., *Culture, Conservation and Biodiversity：The Social Dimension of Linking Local Level Development and Conservation Through Protected Area*, Chichster, UK：John Wiley & Sons, 1996.

意义，并能够就相关资源开发企业转型、当地居民生计发展、环境治理、生态补偿、旅游开发等问题展开讨论就变得异常重要。毕竟，对于以获取自然生态资源为传统生计的当地居民而言，民族地区的自然生态环境是其赖以为之生存的关键资源。如果民族地区的生态系统受到破坏，最终会导致当地居民生计方式的不可持续，发展不平衡、不充分的问题也会进一步加剧。因此，保护生态环境、实践绿色发展也是民族地区民众的内在需求。

这意味着，民族地区的当地民众也有着参与生态环境保护和推进绿色发展的主观意愿。尽管推进绿色发展主要由政府主导，但如果政府能够将环境治理、生态保护与发展政策的制定等权力下放，并通过适当的制度途径（如社区公共论坛等）保持与当地民众之间充分的对话协商和及时的信息沟通，将有利于当地居民参与环境治理的能力培育和环境公正问题的解决，推动建构有利于社会参与的绿色发展模式。

在民族地区推进绿色发展的实践过程中，所谓绿色社会建设不仅需要重构政府、企业与当地居民之间的关系、促进环境公正问题的解决，同时，也要积极推动当地居民发展出一种参与环境治理、生态保护和践行绿色发展的社会责任感，这对于建构民族地区绿色发展的长效机制具有十分重要的意义。事实上，在内蒙古清水区等地，课题组注意到，随着当地民众越来越多地参与到环境政策执行与环境治理、生态保护的实践过程之中，当地居民及社区对如何保护环境、如何实现地方社区发展、如何形成节约型、循环型的生产方式（如节水灌溉）等问题的关注越来越强烈，这些改变都有利于环境公正问题的改善和绿色发展的推进。这意味着，资源开发与环境治理过程中的社会参与不仅有利于保障当地居民的生存与发展权利、在一定程度上扭转资源开发所带来的环境不公正局面，同时，也有利于提高当地居民参与绿色社会建构的能力。

在民族地区的长期社会调查过程中，课题组还注意到，社会参与能力的提升有利于整合区域社会的各种资源，特别是少数民族群众关于生态资源可持续利用的本土生态知识和传统智慧。这不仅有利于丰富政府主导的环境治理与发展实践，帮助政府获得推进环境治理与生态环境保护的本土知识，同时，也使得政府主导的绿色发展更容易获得当地居民及其社区的理解和支持。随着社会参与能力的提升，绿色发展的推进不仅给民族地区的生态资源以恢复的时间和可持续利用的空间，而且，也有利于推进少数民族农牧民的发展方式转型。例如，在新疆西牧区的生态旅游发展过程中，当地居民优先的雇用政策在一定程度上缓解了当地居民的发展问题，并给当地人带来了直接的经济利益。在这一过程中，许多农牧民也开始主动转产，从事与旅游相关的行业，如从事管理员、护林员、服务员等职业。虽然许多与旅游业相关的职业是季节性的，但也足以使得当地许多居民获得比牧业和农业更高的收入，并有利于减轻对当地生态资源的利用压力。

执笔人：包智明　石腾飞　刘敏

结论、反思与对策

第十章　课题研究的结论、理论反思 与对策建议

十九大报告指出，人类必须尊重自然、顺应自然、保护自然。人类只有遵循自然规律才能有效避免在开发利用自然资源上走弯路。民族地区是我国资源富集区，同时也是生态环境脆弱区。在经济发展初期，由于过度依赖资源开发以及高耗能、高污染的工业化发展模式，民族地区的资源开发、环境保护与社会发展之间的结构性张力突出，产生了严峻的环境公正问题。在新时代的历史背景下，民族地区正面临推进绿色发展的新机遇与挑战。随着中央到地方层面绿色发展理念的形成，民族地区贯彻绿色发展理念的自觉性和主动性显著增强，过去重经济、轻环境的状况也得到明显改善，随着环境治理和生态环境保护在各个层面上展开，在政府、市场和社会的共同努力下，民族地区也逐步走向绿色发展道路①。

第一节　研究结论：民族地区资源开发中的 环境公正与绿色发展

21 世纪以来，依托丰富的自然资源和西部大开发政策，民族地区逐步从传统落后的农牧业经济和手工业经济，建立起现代农业、工业和服务业的现代经济体系，进入"跨越式发展"阶段，快速走向以资源型产业为主导的工业化发展道路。客观来讲，依托资源开发以及相关产业发展，民族地区的工业化、城市化和现代化进程明显加快，人民群众生活水平不断改善，边疆社会稳定发展。然而，我们也注意到，作为生态环境脆弱地区，

---

① 参见包智明：《践行绿色发展理念，优化西部地区资源开发模式》，载《中国社会科学报》，2017 年 12 月 15 日。

长期以来，过度依赖资源开发，高耗能、高污染的工业化发展模式也造成民族地区突出的环境与社会问题。这不仅成为制约区域内部经济社会发展的重要因素，同时也对全国范围内的生态文明建设和国家的长治久安构成严峻挑战。

"资源开发"不仅涉及自然资源的开采及加工，还与开发地居民的生产、生活方式、社会文化变迁密切相关。因此，对民族地区资源开发问题的分析需要综合考虑资源环境系统和社会文化系统的互构。作为社会学领域研究环境问题的主要理论成果，环境公正关注环境风险与环境利益的不公正分配问题，将环境的可持续性与社会的公平正义联系起来，提供了一个整合"环境问题"与"发展问题"的综合性理论框架，对民族地区资源开发进程中出现的诸多问题具有解释力。

通过对内蒙古、新疆两地四个调研点的矿产资源、水资源、土地资源等开发过程中的社会与环境问题的研究，课题组发现，民族地区的生态环境问题一度构成我国现代化过程中生态环境保护与经济社会发展所内含的矛盾和冲突最集中、最剧烈的交汇点。由于过度依赖资源开发以及高耗能、高污染的工业化发展模式来推动地方经济发展，造成民族地区资源开发、环境保护与社会发展之间的关系失衡。在很长一段时间里，民族地区以"发展"为名的大规模资源开发和快速工业化忽视了对"环境公正"这一维度的关注，造成资源开发、环境保护与社会发展之间的结构性张力，环境与社会问题的互构关系引发环境公正问题。这既包括地区之间的发展差距造成的区域间的环境不公正现象，即中东部地区与民族地区之间绿色发展成本与环境污染转移现象；同时，也关乎民族地区社会内部的经济利益与环境风险、社会风险的不公正分配。

具体来说，一方面，不合理的开发模式以及生态环境保护理念的缺失加重了民族地区的生态环境压力，产生了诸如环境污染、水土流失、草原退化、沙漠化等突出的生态环境问题。另一方面，由于缺乏当地居民的自主参与以及有效的利益均衡机制，地方政府与外来企业主导的"脱嵌型"资源开发使得当地人不仅成为地方工业化的旁观者、资源的出让者，还成为生态环境问题的承担者。这不仅成为制约区域内部经济社会发展的重要因素，同时也给国家的生态文明建设和民族地区的长治久安带来严峻挑战。

课题组认为，我们需要充分认识政府、市场、社会等不同力量对环境公正问题的作用机制，并在此基础上进一步探索实现环境公正、推进民族地区绿色发展的路径。一方面，我们需要重新定位并认识政府在实践环境公正过程中的作用，充分发挥政府主导的环境治理效用。另一方面，如果市场不受规范、社会不能自我调节和发展，那么环境公正问题也就很难从根本上解决。因此，在资源开发与环境治理过程中，我们也需要规范市场并积极促进社会参与。这意味着，要真正实现我国民族地区的绿色发展，就需要充分考虑民族地区在生态环境、制度环境、市场环境、文化环境等方面的特殊性，并从理顺政府职能、强化政策及制度执行、发挥市场调节作用、实施参与式开发以及强化基层社会组织等多方面努力，推进民族地区的绿色发展。

课题组发现，民族地区的环境治理是一个由多元主体与多重力量共同参与的实践过程，有利于在实现环境公正的基础上，推进民族地区的绿色发展。换言之，在民族地区工业发展及其所带来的环境问题背后，与此并行的还有一条绿色发展与生态现代化之路。事实上，从 2000 年西部大开发战略的提出，到"十二五"规划正式提出绿色发展道路，再到 2015 年绿色发展原则融入"一带一路"之中，可以说，民族地区的绿色发展已经实现了从发展理念到发展实践的重大突破。民族地区绿色发展的表象特征是生态环境保护的观念与行为得到实践，而在本质上是发展理念的解构与重构，这一过程在创造新型人与自然关系的同时，也在创造着具有绿色发展理念的政府、产业经济形态与民族文化。

概括而言，民族地区资源开发中的环境公正与绿色发展需要多重力量的推动。对于既要大力推进经济发展又要加强环境保护和社会建设的当下，民族地区的绿色发展是"绿水青山就是金山银山"的新理念、新思想不断深入的社会过程，是地方政府发展观念与发展职能转变、传统资源开发企业转型升级、人民群众参与开发与利益共享的社会过程。这意味着，绿色发展需要建立健全政府、企业和公众共同参与的长效机制，需要探索发展充分反映人民群众现实需求的制度途径，进而带来环境和社会的公平正义，促进民族地区的可持续发展。随着民族地区绿色发展理念与模式的逐步形成，人与人和谐共处、人与自然和谐共生的关系格局也在逐步建构和形成中。

第二节　理论反思：建构有中国特色的绿色发展理论体系

　　民族地区资源开发进程中的环境公正问题与绿色发展实践，一方面凸显了资源开发的社会复杂性，另一方面也彰显了推进绿色发展的必要性。尽管西方国家的生态现代化理论、绿色国家理论及环境运动等相关视角为环境公正问题的解决提供了特定的政策干预及社会应对措施，但这些理论来源于西方国家自身的发展实践，嵌入本国特定的资源禀赋、社会政治条件和历史文化传统，提供的是一种可资借鉴、反思的关于环境治理与绿色发展的理论与实践经验。中国的绿色发展，尤其是民族地区的绿色发展有自身的特殊性，须结合中国自身发展实践，对西方相关理论进行反思，建构有中国特色的绿色发展理论体系。

　　推动民族地区资源开发、环境保护与社会之间的协调发展是党的十八大以来加快生态文明体制改革和建设美丽中国的重要组成部分。民族地区资源开发中的环境公正问题及其政策干预的经验和教训让我们认识到，要想从根本上摆脱资源依赖型发展模式，就必须坚持节约资源和保护环境的发展理念、发展方式和发展模式，即要推进民族地区的绿色发展。具有民族特点和中国特色的绿色发展理论体系建构不仅有利于拓展发展中国家和地区走向人与自然和谐共生的现代化建设新途径，也给那些既想通过资源开发和地方工业化来创造物质财富又想保护自然生态环境的国家和地区提供了一种新的选择，同时，也能为全球生态文明建设贡献中国智慧和中国方案。

　　在西方发展理论中，环境公正通常被用来分析、解释资源开发、环境保护与社会发展之间关系的失衡问题，这一点，与中国的发展实践和理论建构具有很大的契合性。然而，民族地区资源开发进程中的环境公正问题必须充分关注那些导致环境公正问题的复杂社会主体、社会动力和社会过程。在此意义上，具有中国特色的绿色发展理论不仅成为环境公正问题的政策应对机制，同时，其本身也是一种被实践着的发展进程。迄今为止，尽管国外社会关于发展理论的社会学研究汗牛充栋，但仍主要集中在"绿色国家""生态现代化"等这样一些理论范式上，关于绿色发展理论的研究还存在诸多不足，这也在一定程度上加大了对绿色发展理论体系进行理论阐释和经验研究的难度。实际上，在推进绿色发展的过程中，我们面临的不仅仅是西方发展理论方面的限制，中国本土社会关于绿色发展的实践经验和理论归纳也处于起步阶段，缺乏系统性，尽管当前绿色发展正在不同国家和地区，以不同的形式推进着。

民族地区的绿色发展必须立足于民族地区经济社会发展长期落后的现实，其核心是将环境和社会作为经济增长的内生因素，通过内生型发展来寻求经济增长的动力机制，解决经济增长、环境保护与社会发展之间的矛盾关系，以此来实现民族地区资源依赖型发展模式的根本转型。课题组研究发现，民族地区在推进绿色发展、建构具有中国特色和民族特色的绿色发展理论体系过程中，虽取得了一定的成绩，但也面临诸多风险和挑战。

第一，发展不充分不均衡下的绿色发展及其风险。民族地区是我国经济社会发展落后地区，发展不均衡不充分的问题尤为突出。正是由于发展不均衡不充分，民族地区的绿色发展存在以下三种风险：首先，政府主导型的绿色发展及其风险；其次，资源依赖型发展模式下的绿色发展及其风险；最后，社会参与不足、社区自主治理能力不足之下的绿色发展及其风险。正是由于考虑到发展不充分不均衡的主要矛盾，作为一种中国特色的社会理论体系，绿色发展强调制度建设与社会参与对于促进环境治理和生态保护的积极作用，例如发展理念的转型、社区自主治理能力的培育，以及相关市场运作制度的完善等。

第二，民族地区生态环境问题和发展落后互为因果。一方面，生态环境问题是导致民族地区经济社会发展落后与人民群众贫困的重要原因；另一方面，发展落后又进一步加剧了民族地区生态环境的破坏问题。例如，西部民族地区很多地方处于荒漠化半荒漠化地区，生态环境本身就很脆弱，草牧场条件差。而超载过牧进一步导致草原生态问题，草场退化、沙化现象日益严重。恶化的草场条件又带来了草原载畜量的下降，继而使得贫困人口增加，形成环境破坏和发展落后的恶性循环。正因为如此，民族地区的绿色发展需要充分关注民族地区的生态特殊性和社会复杂性，积极探索生态环境保护与发展方式转型相结合的绿色发展模式。

第三，环境公正的政策应对与绿色发展的推进。民族地区资源依赖型发展模式的转型与绿色发展的推进应充分重视环境公正问题，重视社会的参与及利益的公平分配。从当前绿色发展所关心的核心问题看，相关研究主要集中在经济层面，主张建立健全绿色、低碳、循环发展的经济体系，

而环境公正、社会参与等问题并没有得到充分讨论和关注。民族地区资源开发、环境保护与社会发展失衡的经验和教训表明，社会参与及社区自主治理能力培育是推进绿色发展的重要条件，环境风险与资源开发利益的差异性分配不仅会带来环境问题和社会发展问题，同时也会导致绿色发展模式受阻。整体而言，资源开发过程中的资源收益与环境风险分配不均是导致民族地区环境退化和社会冲突加剧的重要原因，也是推进民族地区绿色发展的重要制约因素。如果绿色发展的成果不能够由全体社会成员共享，那么，绿色发展的可持续性也就难以实现。

综上，课题研究认为，一方面，民族地区的绿色发展实践及其发展特殊性为中国特色绿色发展理论体系的建构提供了鲜活的案例，有利于丰富、完善中国的绿色发展理论建构；另一方面，中国特色绿色发展理论体系的建构又可以有效指导民族地区的绿色发展实践，为民族地区资源依赖型发展模式转型提供更为合理的解释和更有效的政策建议，推动民族地区环境治理模式、社会参与机制、政策干预途径、企业生态现代化实践等不断走向完善。这就意味着，建构具有中国特色的绿色发展理论有利于不断修正我们对于民族地区资源依赖型发展模式及其转型的认知，揭示民族地区资源开发、环境保护与社会发展之间的关系本质，推动实现民族地区人与自然和谐共生的现代化建设新格局。

第三节　政策建议：实现环境公正、推进民族地区绿色发展

当前，民族地区正处在一个重要的发展机遇和发展转型期，党的十八大后，中央政府一直致力于推动民族地区经济增长与环境保护的双赢。十九大关于绿色发展理念的论述，更为民族地区资源开发和利用指明了新的方向。就当前形势来看，民族地区较好的选择仍然是在坚持绿色发展的理念下，通过更深层次的制度变革与产业政策调整，重构资源开发模式，继续推动有区域特色的绿色发展道路，从而促进各级政府、公众与企业之间的良性互动，以及政策、技术与理念之间的配套改革。为进一步推动实现民族地区的环境公正与绿色发展，本课题提出以下政策建议。

（一）继续发挥政府主导作用，构建推进绿色发展的制度体系，增强各级政府践行绿色发展理念的意识与能力

第一，在新时代国内主要矛盾历史性变化的背景下，各级政府应继续坚持节约资源和保护环境的基本国策，践行并推进绿色发展的理念。各级政府应根据绿色发展的现实需要，修订、完善相关法律、政策体系，完善生态环境监管体制，并强化环境执法力度。在发挥环境政策对民族地区资源开发约束、规范、引领作用的同时，构建推进民族地区环境公正与绿色发展的制度体系，通过绿色发展推动民族地区资源开发、环境保护与社会发展的多赢。

第二，各级地方政府是推进民族地区资源开发与绿色发展的重要主体，各级政府的发展理念、利益诉求及行为选择等对环境治理与政策执行有着重要的制约作用。而当前中国的环境治理由多个部门分管，时有责任划分不明及内部利益冲突等问题，这将直接影响到环境治理与环境政策实践的效果。因此，在资源开发与环境治理过程中，应进一步明确各级政府及相关部门间的权责关系，理顺职能分工，形成权、责、利统一的管理体制，增强自上而下的环境政策执行的能动性与效力。

第三，中央层面的绿色发展理念能否得到贯彻落实，关键在于地方政府发展理念、管理职能的绿色化转型。民族地区的绿色发展应着力提升地方政府的执政能力、治理能力与发展能力，促进地方政府改变"环境保护不利于经济发展"的理念，以做出符合绿色发展的决策并有效执行。然而，由于生态环境脆弱、发展阶段滞后、文化宗教复杂等诸多因素，民族地区的地方政府面临更严峻的发展压力与绿色转型难题。为了更好地发挥地方政府在推进绿色发展中的主导作用，中央层面应进一步加强对民族地区地方政府的支持和引领力度。中央政府可探索通过变革考核指标、竞争体制、奖惩制度等管理体制和政策体系的方式，为民族地区地方政府提供践行绿色发展、优化资源开发模式的政策环境与制度支持，以进一步增强民族地区地方政府贯彻绿色发展的意识与能力，推动地方政府从发展型政府向绿色发展型政府的角色转变。

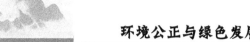

（二）构建市场导向的绿色技术创新体系，重构政府与企业的关系，推动以政府为主导、企业为主体的绿色经济发展

第一，民族地区的环境治理与绿色发展不能以企业停产、限产整顿等"去工业化""去现代化"途径推进，应积极探索市场导向的绿色经济发展体系。

与中东部地区相比，民族地区的社会经济发展水平相对滞后，民族地区通过工业化来实现经济发展的需求更为迫切。因此，民族地区的传统资源开发型企业不能丢，也丢不起，简单通过企业关停等方式推进民族地区的绿色发展，不仅会影响地方社会经济发展进程，也不符合绿色发展理念的基本主张。对于许多资源开发及重化工企业而言，之所以选择入驻祖国边陲地带的民族地区，不仅在于这些地区资源丰富、排污成本低，同时也偏向这里低廉的用地成本、税收成本、人工成本等适宜发展的条件和环境。在大规模环境治理之下，很多企业没有离开并愿意进行技术革新，推进清洁、绿色生产，其中一个很重要的原因在于中东部地区缺少其生存和发展的土壤。因此，民族地区的企业本身便具有发展绿色经济的要求。这给我们的启示是，在民族地区的环境治理与绿色发展进程中，要重新认识资源开发型企业的角色定位，发掘推动企业实现技术革新与产业结构调整的机制，探索促进企业自律、环境治理、生态保护及绿色发展的有效途径。这样一种发展路径既能满足国家环境治理和生态环境保护政策的要求，也能保障地方财政收入，制造"绿色 GDP"。在缩小民族地区与东中部地区发展差距的基础上，实现民族地区产业升级与环境保护的相得益彰。

第二，在民族地区的资源开发与绿色发展进程中，要重构政府与企业的关系，基于自身资源禀赋条件以及全国地域分工格局，民族地区应形成以政府为主导、企业为主体的环境治理体系与绿色发展模式。

在民族地区的环境治理过程中，政府在强化环境制度法规建设、环保检查执法等监管作用的同时，应积极探索市场导向的绿色发展模式，着力推进区域绿色经济发展。一方面，政府应加大对节能减排、循环经济、清洁能源等环境保护技术研发的支持力度，为企业进行绿色技术革新提供保障。另一方面，应通过税收、信贷、补贴等经济杠杆，建立有效的激励机

222

制，促进市场调节作用的发挥，引导、推动资源开发企业调整产业结构、进行技术革新、发展循环经济等，推动实现经济与环境的协同发展。在这一过程中，传统资源开发型企业应通过产业转型升级、生态工业和新型产业建设等方式，建立健全绿色、低碳、循环发展的经济体系，构建市场导向的绿色技术创新体系，形成资源节约和保护环境的产业结构、生产方式，增强矿产、土地、水等资源的可持续开发和利用。

（三）培育资源开发地当地民众的生态环境保护意识，拓宽民众环境参与渠道，建立利益共享机制，推进绿色社会建设

资源开发地的民众既是生产者，也是消费者，既是环境污染的受害者，也是生态环境的保护者。因此，资源开发地民众的意识、观念、行为、态度等对环境治理、生态保护与绿色发展的推进至关重要。民族地区的绿色发展要重视提高当地人的生态环境保护意识，促进当地民众正确认识环境保护和经济发展之间的关系，拓宽公众环境参与的渠道，建立利益共享机制，以推动民族地区创新、协调、绿色、开放、共享发展理念的形成。

一方面，当地公众对资源开发与环境保护状况负有监督的权利。在资源开发决策、环境政策制定、环境治理实践等过程中，各级政府应积极引导并促进公众参与。借助网络、报刊、广播等媒体作用，多渠道发布环境治理信息，拓宽公众环境信息获取与监督途径。同时，加强环境宣传教育，建构环境参与平台，充分调动公众监督、参与环境保护的积极性。

另一方面，在民族地区资源开发与绿色发展进程中，当地人负有环境保护的责任与能力。由于生态环境脆弱，民族地区人与自然自历史时期便形成了唇亡齿寒的相互依存关系。民族地区民众不仅对良好生态环境更为关注、保护生态环境的意识和行为更为强烈，同时也具备生态环境保护的地方性知识。因此，应积极推动当地人参与到生态环境保护当中，发挥当地人的生态环境治理能力和资源。

面对民族地区资源开发过程中不断凸显的环境公正问题，只有积极促进当地人的环境参与，尊重并重视当地人的生态知识与传统文化，推动当地人共享资源开发与生态环境保护的效益，建立有效的利益共享与均衡机制，才能在实践环境公正的基础上推进绿色发展长效机制的建立，推动社会公平正义、资源合理分配、环境美好、人民身体健康的绿色社会建构。

综上，十九大报告指出，我们要建设的现代化是人与自然和谐共生的现代化，既要创造更多物质财富和精神财富以满足人民日益增长的美好生活需要，也要提供更多的优质生态产品以满足人民日益增长的对优美生态环境的需要。在"一带一路"建设与中央政府"强化举措推进西部大开发形成新格局"的发展理念下，作为一种可持续的、公平正义的发展模式，绿色发展对正处于产业转型期的民族地区的适用性也会越来越大。

随着我国生态文明体制改革的加快与美丽中国建设的推进，绿色发展深远影响了民族地区广大人民群众的生产生活和环境保护观念，"绿水青山就是金山银山"的理念深入人心，生态资源朝着科学保护和合理利用的方向稳步发展。在践行环境公正的过程中进一步推进绿色发展，不仅不会降低民族地区在中国版图上的经济竞争力，反而有利于促进"以人为本"的内生式发展，开辟具有国际竞争力、地区优势与区域特色的发展道路。因此，在新时代的历史背景下，民族地区要继续增强贯彻绿色发展理念的自觉性和主动性，坚持用绿色发展理念引领、规范矿产、土地、水等资源的可持续开发和利用，在政府、市场和社会的共同努力下，推进技术革新，带动产业升级，形成绿色发展方式和生活方式，重构民族地区的资源开发模式，推动实现民族地区的环境公正与绿色发展。

执笔人：包智明　石腾飞

224